西洋参

农田栽培技术

张亚玉　张正海　孙　海　等　编著

中国农业科学技术出版社

图书在版编目（CIP）数据

西洋参农田栽培技术 / 张亚玉等编著. --北京：中国农业科学技术出版社，2021. 10

ISBN 978-7-5116-5375-8

Ⅰ. ①西… Ⅱ. ①张… Ⅲ. ①西洋参—栽培技术 Ⅳ. ①S567.5

中国版本图书馆 CIP 数据核字（2021）第 122842 号

责任编辑 金 迪 张诗瑶
责任校对 李向荣
责任印制 姜义伟 王思文

出 版 者 中国农业科学技术出版社
北京市中关村南大街12号 邮编：100081
电 话 （010）82106625（编辑室）（010）82109702（发行部）
（010）82109709（读者服务部）
传 真 （010）82109698
网 址 http: // www.castp.cn
经 销 者 各地新华书店
印 刷 者 北京地大彩印有限公司
开 本 148 mm × 210 mm 1/32
印 张 6.125
字 数 154千字
版 次 2021年10月第1版 2021年10月第1次印刷
定 价 32.00元

《西洋参农田栽培技术》

编著人员名单

主 编 著：张亚玉　张正海　孙　海

编著人员：李美佳　邵　财　金　桥　雷慧霞
钱佳奇　吴　晨　马　琳　于红霞
张淋淋　赵晶晶　程海涛

前　言

自1980年我国首次引种西洋参栽培成功距今已有40余年，老一辈西洋参栽培研究者与先行种植者付出了巨大的心血。从无到有、从小到大，我国已经成为世界上重要的西洋参生产国。西洋参产业不仅为国家节约了大量外汇，而且为农民提供了一条很好的致富之路。长期以来，我国的西洋参产业一直采用伐林栽参的方式，即将森林全部砍光后，将土壤充分翻倒后栽参。西洋参忌连作，栽过一茬参的土壤要几十年后才能再次栽参，否则会造成“红锈、烧须、烂根”等病害的发生。随着西洋参生产的规模化发展，大面积森林被砍伐，造成森林植被的严重破坏，导致水土流失，生态平衡破坏严重，发展参业与保护森林资源形成尖锐矛盾。因此，推广农田栽参技术，把西洋参请下山来，以解决发展西洋参生产和保护森林资源相互矛盾的问题，不仅十分必要，而且非常迫切，在一定程度上，它关系到我国参业的前途和命运。此外，由于农田宽阔平坦，利于管理，能加速实现参业的产业化、机械化、现代化。在参粮轮作、调整种植业结构等方面也将发挥积极作用。

本书以作者从事30余年人参、西洋参基础研究和农田种植西洋参的栽培实践为基础，汇集和总结了我国其他地区西洋参农田栽培的丰富经验，也反映了我国近年来西洋参农田栽培的技术水平。

本书在编著中力求通俗和实用，力求使从未有过西洋参农田种植经验的人通过认真地阅读并按照技术规程操作，可以获得与有经验的种植者同样的经济效益。为此，本书尽可能省略许多理论上的叙述，花费大量笔墨在实用技术上。中外西洋参的栽培实践告诉我们，种植西洋参的关键技术之一是预防与控制病虫害。因此，本书用了大量篇幅来介绍病虫害的症状、发病规律、防治方法等，这就提醒种植者，从一开始计划种植西洋参到实施计划，病虫害预防与控制必须贯彻始终。此外，要高度重视农艺措施（如选地、施肥改土、参地排水系统、参园卫生等），因为这是西洋参种植计划能否顺利实施的关键。栽培实践已经证实，要获得西洋参种植成功并取得高回报，从选地、土壤改良、种子种苗准备、病虫草害防治直至参根收获等种植全过程，都必须要细致完成各个环节，绝对不能马虎，细节决定成败 。

为了能让初次种植者较直观地认识西洋参农田种植全过程，尤其是对西洋参主要病虫害有比较准确的诊断，从而及时采取防治对策，在书后特附上种植过程原色彩图与主要病虫害原色彩图以供参考。需要指出的是，种植者一定要根据当地的实际来选择种植方式（如采用高棚、矮棚、双透棚、单透棚等），遇到参园发生病虫害，要随时请教有经验的参农或相关领域的专家，做出准确诊断并实施有效的防治措施。

尽管我们下了不少功夫，但限于水平及写作时间，一定会有这样或那样的缺陷，感盼同行及种植者指正。同时，我们希望能共同交流经验，一起完善我国西洋参农田栽培技术。在编著本书时，我们参考了大量论著，限于篇幅，不能一一标明，在此向这些论著的作者表示由衷的感激！本书由中国农业科学院科技创新工程协同创新任务（CAAS-XTCX20190025-6）及财政部和农业农村部：国家现代农业产业体系资助。

编著者

2021年4月

目　录

第一章　西洋参概论

第一节　西洋参的发现

西洋参又名花旗参，是五加科植物人参属的一种，即与人参是同属不同种的植物，原产于北美洲大西洋沿岸原始森林。远在新大陆被发现之前，居住在北美洲原始森林的印第安人把现今所称的西洋参叫作“Garent oquen”，即“迈开大腿的人”，和中国的“状如人的根”——人参，十分相似。印第安人长期推崇西洋参，因而在歌谣、传说及典礼颂歌中常出现“Garent oquen”，西洋参是印第安人古文化中的一颗明珠。

清代朝廷把人参作为珍贵的赐品赏给贵族和外宾，一株上等野生人参的价格大大地超过了同等重量的黄金。中国的人参稀少，又贵重如金，从而引发了外国人以产于美洲的西洋参换黄金的贸易念头。公元1714年，法国耶稣教的牧师Jartoux在英国皇家协会会刊上发表了《中国东北产的人参介绍》。文章的作者参加了康熙时期《皇舆全览图》的绘制工作，在长白山进行地理勘测时，他见到了东北人参。文章描述了亚洲人参的植物形态，并大胆推测，地理环境相似的加拿大最有可能找到此种植物。东方文明古国上至帝王、下至平民对于人参的热情深深地感染了Jartoux，驱使他写下了这篇文章。文章发表后，立即引起了西方人的兴趣。公元1715年，在加拿大蒙特利尔传教的法国传教士拉菲托（Joseph Francois Lafitau）被Jartoux文章中的推测所吸引，马上开始寻找人参。在当地印第安人的帮助下，公元1716年，拉菲托终于找到了美洲人参，有别于中国人参，称之为西洋参。

由于西洋参价格昂贵，北美洲便吸引了大批拓荒者与殖民者涌入，在北美大地形成了一股淘参热，西洋参源源不断输入中国。

第二节　西洋参的地理分布及种类

一、西洋参的地理分布

西洋参自然生长于北美洲的五大湖地区，即苏必利尔湖、密歇根湖、伊利湖、休伦湖和安大略湖。它们是世界上最大的淡水湖群。冬暖夏凉，湿度大、降水多、光照不强，适宜西洋参生长。美国主要分布在明尼苏达州、威斯康星州、纽约州、宾夕法尼亚州、密歇根州、俄亥俄州，加拿大主要分布在魁北克市和蒙特利尔市。

二、西洋参的种类

西洋参按其生长环境可分为下列几种。

1. 野生西洋参

自然生长于北美洲五大湖地区森林中的西洋参，有效成分含量最高，各成分间的比例最为合理，疗效最佳。由于历史上的掠夺性采挖使自然种群量锐减，现已被列为世界一级濒危物种，其采挖时间及数量受到严格限制，因此实际产量极少。野生西洋参的市场供应量极少且价格昂贵，因此容易出现伪品。不法商贩会以形似的二年生栽培西洋参伪造成野生西洋参出售，实则很少有药用价值。

2. 林下西洋参

仿野生西洋参生长环境，在森林中自然生长的西洋参，现在美国的五大湖地区及中国东北均有种植。由于自然生长于森林之中，没有进行过多的人为干预措施，诸如施肥、打药等栽培管理，受到外界的污染极少，生长缓慢，随着生长年限的增加，其质量趋近于野生西洋参，通常生长期在20年以上的可作野生西洋参使用（图1-1）。

图1-1　林下西洋参

3. 栽培西洋参

农田或毁林栽培的西洋参。通常合格的西洋参应该生长满4年收获，但是由于市场供求关系的变化或管理水平的限制，有部分西洋参种植3年即收获。此外，市场需求也催生了五年生以上的产品，如五年生、六年生、八年生甚至于十年生的西洋参，随着生长年限的增加，西洋参的质量会有较大的提高（图1-2）。

图1-2　栽培西洋参

以西洋参所含的药效成分的种类来讲，上述各种参之间没有太大的差别，但是各有效成分的含量及比例却会因收获年限和收获期的不同而有显著的差别，进而影响到产品的疗效。研究表明，野生西洋参有效成分含量最高、成分间比例最为合理，疗效最佳，其次是林下西洋参，最后是栽培西洋参。而栽培西洋参也因栽培地域、种植方式、收获时间、加工方法等不同导致药效差异较大。

第三节　西洋参的药效成分

对西洋参药效成分的研究可追溯到19世纪，最初是从皂苷研究开始。早在1854年便从加拿大产的西洋参中分离出了无定型粉末，得到了第一个皂苷类成分，但对西洋参全面深入的研究却始于20世纪70年代。西洋参中的化学成分比较复杂，有皂苷类、挥发油类、氨基酸类和聚炔类等，其中皂苷类是西洋参的主要化学成分。

一、皂苷

目前已从西洋参中分离鉴定出来的人参皂苷有40余种，其中根中27种，芦头中10种，茎叶中22种，果中12种，花中10种。西洋参中人参皂苷Rb_1和Re的含量占皂苷含量的50%以上，在根、茎、叶、花和果中，各种皂苷的种类、含量不尽相同，含量的多少因品种、生长环境、药用部位和提取分离方法不同而不同。四年生西洋参根总皂苷含量一般在5%以上。

二、糖

西洋参中的总糖包括淀粉、果胶、单糖和低聚糖，含量为65.27%～73.98%。

1. 淀粉

西洋参中淀粉含量为34.9%～42.8%，直链淀粉占32%～

64%，支链淀粉占36%~68%。在淀粉组成上，国产西洋参的淀粉含量高于或略高于国外样品。原产西洋参直链淀粉比例较高，而国产西洋参支链淀粉比例较高。

2. 果胶质

西洋参中果胶质含量为2.98%~4.47%，主要由半乳糖醛酸、半乳糖、阿拉伯糖、鼠李糖、葡萄糖、木糖和少量未知糖组成。原产西洋参中含半乳糖、阿拉伯糖、鼠李糖和木糖，而国产西洋参的果胶中不含木糖。

3. 单糖和低聚糖

单糖类有葡萄糖、果糖和山梨糖，低聚糖有人参三糖、麦芽糖和蔗糖，单糖和低聚糖总含量为22.9%~34.7%。

日本学者自西洋参中分出5种具有降血糖活性的多糖，命名为Karusan A、Karusan B、Karusan C、Karusan D、Karusan E。

三、氨基酸

西洋参中含有16种以上的氨基酸，总氨基酸含量为2.8%~10.1%。

四、脂肪酸

从西洋参及加工品中鉴定出15种脂肪酸类化合物；从西洋参叶中鉴定出4种脂肪酸类化合物；从西洋参种子油中鉴定出9种脂肪酸类化合物；从西洋参果中鉴定出3种脂肪酸酯和油酸糖苷酯。

五、无机元素

西洋参中含有18种以上的无机元素，其中含量较高的无机元素有钾9 581.00微克/克、钙2 295.40微克/克、磷2 068.00微克/克、镁1 673.20微克/克、铁115.58微克/克、硒0.56微克/克。

六、聚乙炔

聚乙炔是一类具有细胞毒性的物质，日本学者从西洋参根中分离出12种聚乙炔类化合物，4种为已知物，其余8种为新化合物，该学者将其称为西洋参炔醇。在12种聚乙炔物中，有3种为十四碳聚炔，其余为十七碳聚炔。

七、挥发油

研究者从西洋参挥发油中鉴定出34种化合物。西洋参中总挥发油含量为0.04%～0.09%。

八、西洋参根中的其他化学成分

西洋参根中含有豆甾烯醇、谷甾醇等甾醇类化合物，含量约0.2%，还含有微量的维生素A、维生素B_1、维生素B_2、维生素B_6及酶和活性多酚等成分。

第四节　西洋参的药理作用及临床应用

传统中医认为西洋参性寒，味甘微苦，入肺经、脾经，具有补气养阴、泻火除烦、养胃生津功能，适用于气阴虚而有火之症，多用于肺热燥咳、气虚懒言、四肢倦怠、烦躁易怒、热病后伤阴津液亏损等。现代的许多临床应用表明，西洋参性平，不寒、不温不燥，可大补五脏，具有双向调节作用，阴虚者及阳虚者均可服用而无不良反应，而且一年四季皆可服用，因此可用来调节人体的阴阳平衡，也就是将紊乱的代谢调节到正常水平。

至今为止，现代药理学已证明西洋参对人体的代谢具有广泛的调节作用，而这种调节作用的特点是双向性的，即它可使过低或过高的代谢恢复正常。例如，人体在应激状态（包括特别紧张的脑力活动，周围环境急剧变化对人体刺激等）和强烈无力时肌糖原ATP和磷酸肌酸的含量会下降，而西洋参可使下降的肌糖原ATP和磷酸肌酸的含量回升，也可以预防这种下降。因此，西洋参可应用于学生、司机、运动员、老人、康养者等，以便提高人体内供给能量的水平。

近年来中外学者研究成果证明，西洋参主要药理作用可归纳为以下几个方面。

一、对中枢神经系统的作用

西洋参具有镇静、增强学习记忆、促进神经生长、抗惊厥、镇痛、解热的作用，适用于神经衰弱、精神病、记忆减退、老年病等症。

二、对免疫系统的作用

西洋参可全面增强机体的免疫功能，具有降低过氧化脂质及丙二醛含量、增强SOD（超氧化物歧化酶）活力、抑制淋巴细胞转化等作用，适用于老年病和癌症等的辅助治疗。

三、对心血管系统的作用

西洋参具有抗心律失常、抗心肌缺血和再灌损伤等的作用，适用于心律失常、冠心病、急性心肌梗死、脑血栓、冠状动脉搭桥手术等症。

1. 强心作用

西洋参治疗剂量可加强心脏的收缩力，减慢心率，在心脏功能不全时，强心作用更为明显。

2. 抗心肌缺血

口服人参总皂苷对异丙肾上腺素造成的大鼠心肌缺血的心电图及血清酶学均有明显的改善作用，其作用与普萘洛尔相类似。

3. 对血管、血压的影响

西洋参对冠状动脉、脑血管、椎动脉、肺动脉均有扩张作用，改善这些器官的血循环。

四、对血液和造血系统的影响

西洋参具有抗溶血、止血、降低血液凝固性、抑制血小板凝聚、调血脂、抗动脉粥样硬化、降血糖等的作用，适用于高脂血动脉粥样硬化、老年病、糖尿病等症。人参皂苷能防止血液凝固，促进纤维蛋白溶解，降低红细胞的聚集性，增加血液的流动性，改善组织灌注，促进骨髓造血功能，使血液中白细胞、红细胞、血红蛋白及骨髓中有核细胞数显著增加。

五、对内分泌系统的作用

西洋参作用于垂体—肾上腺皮质系统和垂体—性腺系统，具有促进血清蛋白合成、促进骨髓蛋白合成、促进器官蛋白合成、促进脑内蛋白合成和脂肪合成、促进肝细胞蛋白（RNA聚合酶活力）合成、促进脂肪代谢和糖代谢等作用，适用于老年病、性机能低下、贫血和癌症等。

六、对物质代谢的作用

1. 对糖代谢的作用

西洋参对注射肾上腺素和高渗葡萄糖引起的高血糖有降糖作用，也可升高注射胰岛素而降低的血糖，表明其对糖代谢有双向调节作用。

2. 对蛋白质及核酸代谢的作用

西洋参中的蛋白质合成促进因子及总皂苷均能促进蛋白

质、DNA、RNA的生物合成，RNA集合酶活性及白蛋白、γ-球蛋白含量。

3. 对脂质代谢的作用

西洋参对高胆固醇、高脂血症患者的血清LDL-C（低密度脂蛋白胆固醇）的增加和脂肪肝有改善作用，并能促进胆固醇的排泄，防止高胆固醇血症和动脉粥样硬化的形成。

七、增强机体的抗应激能力

西洋参能加强机体的适应性，增强机体对物理、化学和生物学等各种有害刺激与损伤的非特异性抵抗力，使紊乱的机能恢复正常，即具有“适应原样作用”。

八、抗休克作用

西洋参可明显延长过敏性休克和烫伤性休克动物的生存时间，使失血性急性循环衰竭动物心脏收缩力频率明显增加。

九、延缓衰老作用

人参皂苷可明显延长动物寿命和细胞寿命；抑制老年动物脑干中MAO-B（B型单胺氧化酶）活性，使大脑皮层兴奋水平接近青年动物水平；清除体内致衰老的自由基，保护生物膜。

十、抗肿瘤作用

对于肿瘤和病毒，西洋参具有抑制癌细胞增殖、抑制带状疱疹等病毒的作用，适用于各种癌症和病毒性疾病。

十一、对肝的作用

西洋参能够增强肝脏解毒功能，抑制四氯化碳及硫代乙酰胺中毒小鼠ALT（谷丙转氨酶）的升高和肝中细胞色素P-450、RNA及糖含量的降低。

十二、适应原样作用

西洋参具有抗疲劳、抗缺氧缺血、抗休克、抗饥渴、抗高低温和各种化学因素的作用。

十三、对于泌尿系统的作用

西洋参具有利尿作用，适用于阿狄森氏病和老年病等。

第五节　中国西洋参引种栽培情况

19世纪后半期，由于采挖量过大，加上美国东部的森林部分被砍伐，破坏了西洋参生长的自然条件，使野生西洋参的分布密度锐减，仅凭采集野生西洋参已不能满足市场需要。人工栽培被提上日程，美国最早栽培西洋参的人可能是亚伯拉罕·惠斯曼（Abraham Whisman）在弗吉尼亚州进行的，但成功者却是乔治·斯坦顿（George Stanton），他于1887年首先在纽约试种成功。

我国西洋参引种大致分为民间自发引种期、有计划引种期、种植发展期和种植减量期4个时期。

1975年之前为自发引种期。据传我国西洋参的引种始于1906年，有个福州人成功地在当引种西洋参，但未见到详细文献记载；1948年江西庐山植物园科学家陈封怀先生从加拿大引进种子进行试种，但时值战乱，资金缺乏，试验进行到开花结果阶段，工作便终止了。

1975—1989年为有计划引种期。1975年10月我国开始有计划地引种西洋参，由中国科学院引进，并委托吉林省科委和中科院植物所组织10个科研生产单位在京、吉、辽、黑、陕等省市联合引种试栽和科研攻关。历时5年，于1980年9月10日，吉林省科委受中国科学院的委托，在中国农业科学院特产研究所（吉林省特产研究所，为主参加引种单位）召开我国首次西洋参引种成果鉴定会并得到与会专家的肯定和好评，标志着我国西洋参引种成功。根据西洋参的生态习性，我国长江以北至北纬45°以南地区，中部和西南各省的高海拔山区也都可以试种。

1990—2008年为我国西洋参种植发展期。国产西洋参在大面积引种试种成功之后，西洋参种植区域由东北、华北、华中三大产区逐步扩大到华东、西北和华南几大产区，累计种植面积由20世纪90年代末的3 000公顷左右增长至2008年的6 000公顷以上，当年作货参在1 500公顷左右，年产西洋参（干品）最高达2 200吨，由于部分产区盲目扩大种植面积，加之进口量逐年增多，导致市场供过于求，销势放缓，销量下降，价格下跌。

2009—2012年为我国西洋参种植调整期。此期国产西洋参销量减少，库存量大，价格下跌。从2009年起，西洋参的种植面积减少，产量也由最高峰的约2 200吨逐年降至1 200吨左右。

发展至今，全国共有17个省种植西洋参，但产量主要分布在吉林省、黑龙江省、山东省和北京市的怀柔地区，其他省份所占份额很少。

第六节　中国西洋参产业现状及展望

一、中国西洋参生产现状与存在的问题

西洋参在我国各栽培区域发展模式和发展水平各不相同，也面临着各自的发展困境，其中西洋参的连作障碍是西洋参产业发展的共性关键问题。连作障碍是指栽过一茬西洋参以后的土壤在几年甚至几十年内不能再栽，用重茬地继续栽参一般在翌年以后存苗率降至30%以下，有大约70%土地上的西洋参须根脱落、烧须，根周皮烂红色、长满病疤，致使西洋参地上部分死亡，有的地块几乎全部绝苗；侵染性病害是导致西洋参连坐障碍的主要原因，其中，锈腐病是西洋参侵染性病害的

代表，其他土传病害有根腐病、湿腐病、立枯病、猝倒病、菌核病、黑斑病、细菌性软腐病等。线虫和螨类在西洋参烂根病形成过程中也起到重要为害作用，它们通过咬伤参根表皮造成伤口，成为病原菌侵染的通道，并且它们本身也是病原菌传播的媒介；土壤养分、土壤理化性质、西洋参自身分泌物等诸多因素也是导致西洋参不能连作和重茬的主要原因。

连作障碍导致西洋参产业面临无地可用的问题，严重影响了我国西洋参产业的健康发展，目前尚无安全有效解决西洋参连作障碍的措施。依据西洋参生长习性及不同区域环境气候特点，近些年西洋参栽培不断向新的栽培区域迁移和扩展，建立新的适种产区成为解决连作障碍的有效途径之一，如西洋参自1980年在低纬度高海拔的滇西北玉龙纳西族自治县鲁甸乡引种成功后，已成为有一定规模的西洋参产区，且西洋参的质量较好。

二、西洋参栽培生产发展展望

2013年以后，受西洋参生产用地减少、从事西洋参生产有效劳动力减少、生产运输成本上升以及产销模式调整影响，西洋参栽培面积降至约4 000公顷，产量减至1 500吨左右，但市场需求量达到3 000吨以上，同时西洋参进口量也呈同步减少趋势，据估算市场缺口至少在500吨以上。

随着国家各项中药材产业扶持政策和行业规范相继出台以及国内经济增长，中国城镇居民的可支配收入和在医疗保健方面的支出每年以两位数字增长，中药医疗消费需求增长强劲，也带动了中药材行业的发展，预计2022年中药材市场规模有望达到1 708亿元，2024年将超过2 000亿元，西洋参作为大健康产业的重要药材品种，发展前景可期。

第二章　西洋参的形态特征与生物学特性

第一节　西洋参的形态特征

西洋参为五加科人参属多年生宿根性草本植物，有野生与栽培之别。通常把野生者称为野生西洋参，人工栽培者称为栽培西洋参。发育成熟的西洋参如图2-1所示。

（根、茎、叶、花、果实、种子）

图2-1　西洋参植物形态

一、根

西洋参根为肉质根，属直根系，根长10~30厘米，黄白色，由根体、芽胞、根茎三部分组成。根茎上端着生芽胞，根茎下端着生根体。

1. 根体

根体有主根、支根、须根之别，主根形状有圆柱形、纺锤形、圆锥形及疙瘩球形。

2. 根茎

根茎又称芦或芦头，是短缩的根状茎、连接根与茎的部位。根茎上着生有茎、芽胞、潜伏芽和不定根（俗称艼）。地上茎干枯脱落后的茎痕称“芦碗”，芦碗每年增加一个。根茎基部的芦碗小，近芽胞一端的芦碗大，一般芦碗数即代表参龄。

3. 芽胞

乳白色，着生于根茎先端，一般每个参根生长1个根茎，每个根茎生长1个芽胞。也有2~3个芽胞的植株，通常称为双茎参或多茎参。芽胞外面是由鳞片紧密抱合形成的芽壳，正常芽胞的芽壳严密，内部无菌，保护壳内幼芽。芽壳内生长有翌年待要出土生长的地上部器官的雏形，故芽胞又称胎胞或越冬芽。春季萌动时，芽胞鳞片松动，茎、叶、花雏体逐渐伸长，以后突破芽壳，长出地面，形成新的地上部植株。

二、茎

西洋参茎直立，位于根茎和花序梗之间，表面光滑无毛。茎单一，无分枝，一年生茎高5～10厘米，但不是真正的茎，而是1枚复叶柄；二三年生茎与叶柄之间有明显的区别，茎高10～30厘米；四五年生茎高30～50厘米。多数茎上部绿色或略带紫色，下部紫色；少数茎上下部都为绿色。

三、叶

西洋参叶为掌状复叶，由叶片、小叶柄和总叶柄三部分组成。一般一年生西洋参叶由3枚小叶组成，二年生以上西洋参均为掌状复叶，复叶中央的小叶片最大，两边小叶片渐次变小。五片子叶着生在复叶柄上，小叶柄不明显。叶片为倒卵形，先端急尖，色浓绿，主脉深陷，叶边缘为不规则的粗锯齿状，刚毛大。无栅栏组织，海绵组织细胞较大，具典型的阴生叶的特征。

四、花

西洋参具有半球状伞形花序，花序着生在从大叶柄轮生体中抽出的总花梗上，总花梗与叶柄几乎等长或稍长。一般三年生的西洋参形成花序，并开花结实（个别二年生植株亦有开花结实的），以后年年开花结实。成株西洋参生有40～80朵小花，个别植株主花序下的序柄上还长有支花序，支花序也长有小花。西洋参花为两性完全花。

五、果实与种子

西洋参果实为浆果状核果、合心皮、双核、呈肾形。果实由外果皮、中果皮、内果皮（果核）和种子构成。正常条件下，每个果实内含有2个果核，每核含1粒种子。少数果实含有3个果核，每核含1粒种子。

第二节　西洋参的生物学特性

一、西洋参的生长发育

（一）生长发育周期

西洋参从播种出苗到开花结实，需要3年时间，但也有少量二年生植株开花结实。西洋参地上部植株形态，随着年龄的增长而有不同。人工栽培西洋参，一年生植株生三小叶、无茎，二年生大部分为二枚掌状复叶，三年生大部分为三枚掌状复叶，四年生为四批叶也有五批叶者。西洋参植株地上部形态的这种变化，不仅受遗传因素的制约，而且受生长条件好坏的影响，故而其变化是多样的，各形态植株所占比例多少也不尽相同（图2-2）。

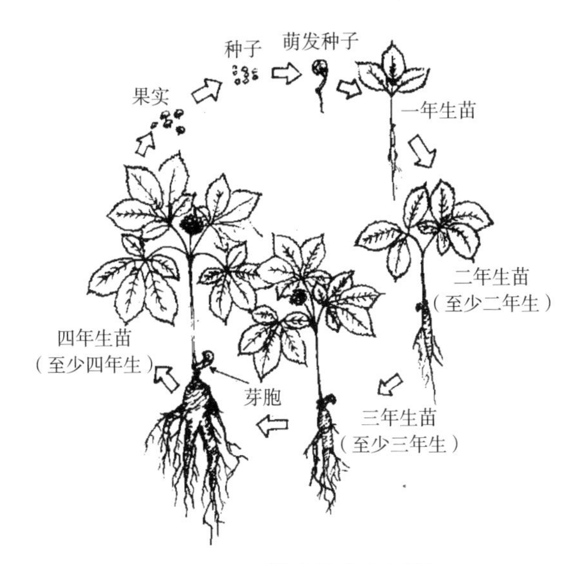

图2–2　西洋参的生育周期

（二）年生长发育

二年生以上西洋参，每年西洋参从出苗到枯萎可以划分为6个生长发育阶段，即出苗期、展叶期、开花期、结果期、果后参根生长期、枯萎休眠期。全生育期120～180天。

1. 出苗期

一般地温稳定在10℃时，芽胞开始萌动，达到12℃时，缓慢出苗；土壤温度稳定在15～18℃时，出苗最快。西洋参是曲茎出土，茎不断伸长，把叶片及花序带出地面。当叶片离开地表时，茎便直立生长，使叶片伸向上方。一般土壤板结，大的树根和石块都会造成憋芽现象，所以，栽参的地块必须细致整地。

2. 展叶期

西洋参叶片从卷曲褶皱状态，逐渐展开呈平展状态的过程叫作展叶。展叶期是西洋参茎叶、花生长最快的时期，西洋参须根生长速度加快，光合面积增加，光合作用增强，根的减重阶段宣告结束。

3. 开花期

进入开花期，茎叶生长减慢，季节性吸收根生长速度最快，根的吸收能力强，光合作用旺盛，制造的营养物质除供地上部器官生长发育外，还能满足根生长对养分的需求。要使西洋参结籽多而大，必须供给充足的养料和水分。但是，光照过强或温度过高，会影响授粉，造成结实率下降。

4. 结果期

西洋参小花开放后数天花瓣脱落，小花凋谢后，子房逐渐膨大进入结果期。此期间参根不断伸长并开始增粗，与此同时芽胞原基开始分化，并逐渐长大，此期间最怕积水，积水会造成大面积烂参。结果期西洋参的光合能力最强，所需营养和水分最多。如果营养或水分不足，势必影响西洋参根、果实的产量和芽胞的正常发育。西洋参果实成熟后会自然落地，生产上应注意适时采收。

5. 果后参根生长期

果实成熟前，茎叶制造的有机物质优先供应果实的生长发育，致使参根和芽胞的生长受到影响。在果实成熟后，茎叶制造的有机物质，运送到地下贮藏器官，供根、根茎、芽胞等器官的生长，故而，果后参根生长便成了西洋参等多年生宿根性植物特有的发育阶段。

西洋参刚进入此时期，一般平均温度为20～24℃，随后温度便开始逐渐下降。当温度下降到10℃以下时，开始进入枯萎期。果后参根生长期，较为耐强光，9月上旬裸露的自然光，一般不会对植株造成强光的危害，但若在此期间光照不足，则影响参根产量。果实成熟后，参根进入快速生长阶段，果后参根增重率是果期的2～3倍。

6. 枯萎休眠期

当平均气温下降到10℃以下，西洋参植株光合作用微弱，早霜出现后，西洋参便停止进行光合作用，地上茎、叶的物质继续输送地下，直至枯黄为止，地下季节吸收根开始脱落，根、根茎、芽胞内积累的淀粉开始转化为糖类，准备越冬。当参根结冻后便进入休眠期。

二、西洋参种子生物学特性

（一）种子形成

西洋参展叶初期，花序轴生长缓慢，展叶后期花序轴生长加快。在展叶中期，花序轴渐渐伸长，大小孢子开始发育，此前大孢子囊内形成的孢原细胞，而小孢子囊内的花粉母细胞进入减数分裂期或进入二分体时期。展叶后期，即开花前12～15天，花序生长到正常大小，大孢子母细胞已进入减数分裂中期。

从开花到种子形成，需要经历双受精和受精卵发育成胚两个过程。进入开花期后，西洋参授粉后15小时左右，花粉萌发，花粉管进入柱头，约10小时进入囊胚，授粉后18小时融合核受精，授粉后25小时卵细胞才受精。受精卵受精后并不马上分裂，约在受精后20小时即授粉后45小时，进行第一次分裂。子房壁发育较快，授粉后10～15天果实就能长到接近正常果实的2/3。种胚发育较慢，授粉后9天，胚乳细胞只有40个左右，授粉12天后，胚乳才能充满胚囊，授粉后17天，胚约10个细胞，属球形胚阶段，授粉21天，已分化出子叶原基，两子叶原基间有明显可见的生长锥突起，授粉50～60天及采种时，种胚只有发芽种子胚的1/10。

西洋参种胚发育与其他植物不同，胚的发育非常迟缓，成熟种子的胚长只有0.3～0.4毫米，仅有发芽种胚长度的1/15～1/10。西洋参种胚发育缓慢，不仅表现在植株上的发育，而且还表现在催芽处理期间。自然成熟的种子，其胚长从0.3～0.4毫米长到4毫米时，在特定的处理条件下，需要5～6个月。

（二）种子休眠特性

西洋参种子具有形态休眠（又叫形态后熟）和生理休眠（又叫生理后熟）的特点，这两种休眠所需的条件是不一致的。

1. 形态休眠

也称形态后熟或种胚后熟，也就是说，自然成熟的西洋参种子胚不够大，需要在人工条件下继续生长，直到够大为止。形态后熟阶段又可分为胚的缓慢增长阶段和快速增长阶段两个时期。

（1）胚的缓慢增长阶段

适宜温度为18～20℃，需时为75～90天，此阶段结束胚长可达1.4毫米左右。

（2）胚的快速增长阶段

适宜温度为10～15℃，需时为60～90天，当胚长达到2.5毫米以上时，种子开始裂口，在10℃±1℃时裂口速度最快。

西洋参种子在适宜的条件下（适宜的温度，适宜的水分），经过150天左右时间可完成形态后熟阶段。此时胚长可达到4毫米左右。而后进入生理后熟阶段。

2. 种胚生理后熟

西洋参种子完成形态后熟后，给予适宜的种子萌发的条件，仍不能萌动出苗，即便胚率达到100%也不能出苗。这是因为西洋参种子生理后熟未完成的缘故。

低温是西洋参种子生理后熟完成的必备条件。生理后熟的适宜温度为0～5℃，最低需要60天时间，低温时间越长，出苗率越高。

（三）种子后熟处理过程内源激素的变化

西洋参种子采收后分成两个处理，即传统的沙藏处理与不添加任何介质处理把西洋参种子装袋，下垫鹅卵石，一层种子一层鹅卵石进行处理，处理期间新的处理方法每天要浇水1～2次，保证种子层温度在16～18℃，湿度在75%左右；

处理过程中每隔20天取样1次，样品分为两份，一份用固定液固定，用来测量种胚生长情况，另一份用液氮冷冻后贮于低温冰箱中以备分析内源激素变化，同时测定胚率（种胚长/胚乳长×100）的变化。完成形态后熟的标准定在胚率达到90%以上。

西洋参种子在处理过程中两种处理方法内源激素的变化趋势大体一致，但仍有些差异（图2-3）。

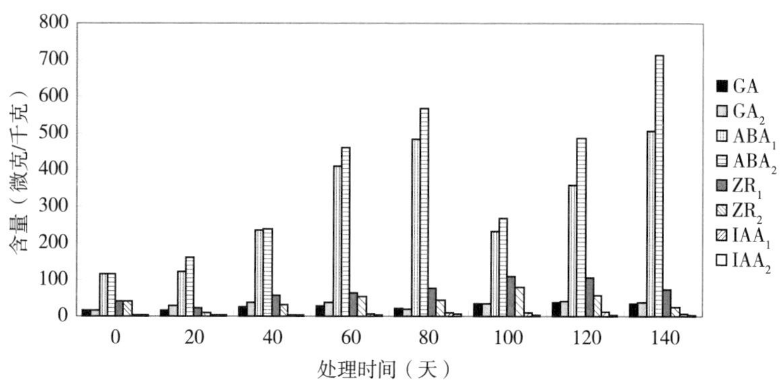

图2-3　两种处理方法激素变化对比

1. 吲哚乙酸（IAA）的变化动态

从图2-3可以看出，在西洋参种胚形态后熟过程中IAA出现两次高峰，第一次峰值出现在层积开始后第80天。此间从胚率的变化（表2-1）看，种胚的发育是很慢的，其作用还不太清楚。第二次峰值出现在层积后第120天，随后很快下降，新的处理方法IAA下降的比率较大，传统处理方法为12.37%，而新的处理方法为44.78%，此峰值期正是种胚生长较快的时期，可能与细胞的伸长生长有关，最终导致种子裂口。

表2-1　西洋参种子后熟过程中胚率的变化

处理天数（天）	种子长（毫米）		胚长（毫米）		胚率（%）		备注
	沙藏	新	沙藏	新	沙藏	新	
0	5.2	4.9	0.33	0.32	6.34	6.5	
20	5.1	5.2	0.35	0.34	6.86	6.54	
40	5.4	5.1	0.51	0.56	9.44	10.98	
60	4.9	5.3	0.93	1.08	18.98	20.38	
80	5.3	5.0	1.32	1.54	24.91	30.80	
100	5.2	5.2	2.58	2.88	49.62	55.38	种子裂口期
120	5.1	4.8	3.98	4.01	78.04	83.54	
140	5.3	5.4	4.83	4.89	91.13	90.56	种胚形态后熟
160	5.1	5.3	4.89	4.99	95.88	94.15	

2. 赤霉素（GA）的变化动态

由图2-3可以看出，在西洋参种胚后熟过程中，传统处理方法种子内源GA在层积处理开始的第120天才有一个高峰，随后变化不大，而新的处理方法中GA在处理60天后即出现第一次高峰，随后下降，之后再次升高，直至形态后熟结束。GA的生理作用一般认为是诱导α-淀粉酶的产生，GA的第一个峰值促进了淀粉酶的出现；第二次峰值与种胚的快速发育一致，促进种子的萌发。

3. 玉米素核苷（ZR）的变化动态

由图2-3可以看出，在西洋参种胚后熟过程中，新的处理方法在层积开始后第60天出现第一个高峰，在第100天以时出现第二个高峰；而传统处理方法只在100天时出现一次高峰，一般认为细胞分裂素含量与胚的生长速度是一致的。从图2-3和胚率的变化来看，ZR的第二个高峰与GA的第二个高峰共同起到了解除种子休眠的作用。新的处理方法种子解除休眠的时间短，具有充分的发育时间，因此种子发育早且整齐一致。

4. 脱落酸（ABA）的变化动态

由图2-3可以看出，西洋参种胚形态后熟过程中种子内源ABA的变化动态与内源IAA的变化动态相似。ABA在植物种胚发育中的作用主要有两点：一是刺激胚胎的发生，二是防止成熟的胚过早萌发而影响物种的延续。从西洋参果实形成期和种胚形态后熟过程中种子内源ABA的变化看，ABA第一个高峰的出现正是引起西洋参种胚起始发育的因子。第二个高峰则与种胚的快速发育一致，起着防止胚胎过早萌发的作用。

从西洋参种子IAA的变化来看，随着种子休眠的解除，IAA水平是下降的，与西洋参种子休眠的解除有关，GA是萌发促进因子，而不是促进启动原胚起始发育的因子。西洋参种子GA和ZR的第二次峰值是与种胚的快速发育一致的，也与种子的萌发有关。在植物激素与种胚发育的关系中，研究得最多同时也最重要的就是ABA的作用。目前的研究认为，西洋参种胚发育过程中的种子内源激素调控机制可能经历四个阶段。第一阶段胚乳形成和胚胎发生（滞育），第二阶段胚胎发育起动，第三阶段胚胎快速发育期，第四阶段休眠至萌发。

种胚的发育受植物本身的遗传性和激素水平两种因素制

约，在种胚发育过程中其内在基因的表达有严格的顺序性，人为地创造适宜的外部条件，用外源因素改变植物体内的激素平衡关系，进而启动或者抑制基因的表达，使发育朝着人们希望的方向进行，而所进行的新的处理方法即是这种尝试，创造适宜西洋参种胚发育的温度、湿度，使西洋参种子的萌发时间较传统方法提前10天以上，并且种子的裂口率达到95%以上，又由于发育时间的相对延长，西洋参种子发育充分，种子发芽率也达到90%以上。

（四）种子寿命

西洋参种子在常规条件下，贮存1年，生活力降低10%左右。贮存2年，基本丧失生活力；贮存3年完全丧失生活力。种子寿命长短，与种子成熟度和贮存条件有关，成熟种子比不饱满种子生活力强；阴干种子的生活力比晒干者要高，伤热种子生活力低。在高温多湿下贮存种子生活力降低快。

西洋参种子结构见图2-4。

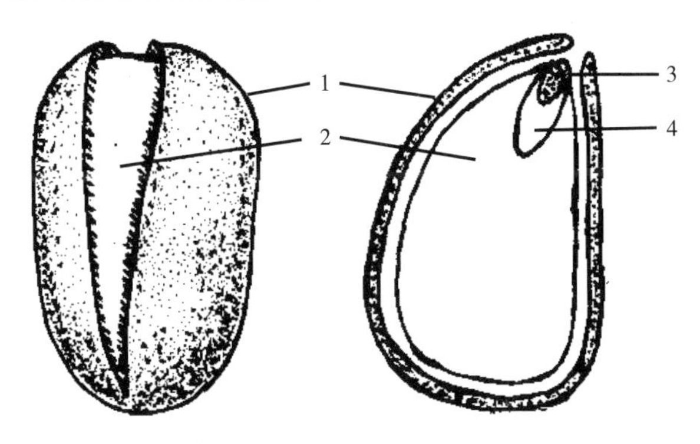

1—种皮；2—种仁；3—胚；4—胚腔。

图2-4　西洋参种子

三、西洋参越冬芽的生物学特性

1. 越冬芽的形成

在种子形态后熟初期，生长点分化出芽胞（即越冬芽）原基和茎叶花原基。越冬芽原基无明显变化。进入开花期后，越冬芽原基分化出鳞片原基和茎叶花原基。分化后鳞片原基渐渐伸长长大，茎叶花原基进一步分出茎原基、叶柄原基及叶片原基。果实成熟后越冬芽生长速度加快。直到9月下旬，越冬芽形态发育成熟，剥开鳞片可以见到翌年待要出土生长的地上部器官的雏形。二年生以上的西洋参越冬芽的形成，开花期前后分化出的茎、叶、花原基，进入结果期时，进一步分化出茎原基、叶柄原基、叶片原基、花原基，茎、叶原基生长之时，花原基进一步分化出花序柄和小花原基，并继续伸长长大，直到9月底形态完全成熟。

2. 越冬芽的休眠特性

西洋参的越冬芽在9月底形态发育基本完成，但是给予常规的发芽温湿度条件，仍不能萌发出苗，也就是说，形态发育基本完成的越冬芽，在自然条件下必须经过一段低温才能萌发出土。研究指出，在0～5℃低温下经60天可打破休眠，萌动出苗。用250毫克/千克赤霉素浸越冬芽2～3小时也可打破此种休眠。

西洋参越冬芽休眠时间的长短与休眠条件有关，如果越冬芽成熟基本完成，低温条件又适宜，一般60天左右即可打破休眠，如果低温条件不适宜，轻者延长休眠期，重者不出苗。在产区，自然温度均可满足休眠的要求。

3. 潜伏芽的生长发育

西洋参根茎的节上都有潜伏芽，一般基部的潜伏芽深度休眠，上部（靠茎的一端）的潜伏芽较易萌动。通常情况下，这些潜伏芽不生长发育，当植株生长健壮，光合作用积累的物质十分丰富时，个别潜伏芽就能生长发育而形成越冬芽，加上原有的越冬芽即形成双芽胞。

西洋参的茎、叶、花出自越冬芽，而越冬芽的形成期又较长，形成后的越冬芽需经过低温生理后熟才能出苗。结论是，没有越冬芽或越冬芽未通过生理后熟，西洋参都不能出苗，因此，在西洋参栽培过程中，必须注重保护茎叶和越冬芽。

四、西洋参根的生物学物性

1. 一至四年生参根的生长

播种出苗后一年生西洋参于4—7月胚根不断伸长而发育成主根，此期间根长生长速度最快，根粗生长缓慢，8—9月间根粗增加显著，根长生长减缓；9月参根干物质积累增加显著。一般一年生根长平均约为10厘米，根重0.5 ~ 1克，须根数量不多。二年生参根5—7月长度生长较快，8—9月粗度生长加速，干物质积累增多。二年生根长多在10 ~ 15厘米，根重在4 ~ 6克。须根数量增多，主根还具有顶端生长优势，故而是移栽的较好时期。三四年生根的生长趋势同一二年生基本一致，不过在根长生长上，主根生长受到抑制，从而使许多有一定优势的支根快速生长，故而参根主体短、须根多。三年生参根平均在12 ~ 25克，四年生根重平均在20 ~ 50克。各地经验认为，四年以上参根增重减慢，年生越高增重越慢，且病害加重。故此，四年生参根是收获的最适时期。

2. 年内生长动态

在一年中，不同的生长发育阶段，根增重比率差异较大。出苗展叶期，营养器官的生长要消耗参根中贮藏的营养，同时，须根的生长也有赖于参根中贮藏的营养物质。故在此期间，参根重量减轻，中空变软。至开花结果期，光合面积增加，光合作用增强，须根也从土壤中吸收大量的矿质营养，积累同化物，根重开始增加。果后参根增长期是参根的迅速增长阶段，整个植株营养向参根集中输送，参根增重最快，重量达到最大。研究证明，8—9月参根增重迅速，9月后则明显下降（表2-2）。

表2-2　西洋参不同生育期根的增长量及其增长百分率

物候期	采样日期	二年生参根			三年生参根		
		平均根重（克）	比前期增长（克）	增长百分率（%）	平均根重（克）	比前期增长（克）	增长百分率（%）
休眠期	4月12日	0.46	0	0	4.18	0	0
展叶期	6月13日	0.71	0.25	54.53	5.22	1.04	24.88
果熟初期	8月12日	1.65	0.94	132.39	7.55	2.33	44.64
果熟末期	9月15日	2.07	0.42	25.45	13.61	6.06	80.26
枯萎初期	10月5日	2.02	0.05	0	13.01	0.6	0

五、西洋参茎叶的生长发育

西洋参每年一次性长出的茎叶，一旦损坏（不论是病虫危害或机械损伤），当年内不能再长出新的茎叶。因此，栽培西洋参必须注重保护茎叶，否则，地上无茎叶，地下参根停止生长或腐烂，造成减产。

六、开花结果特性

1. 开花习性

生长三年后的西洋参年年开花，土地肥沃，生长健壮的二年生西洋参部分植株也可开花。西洋参是半球形伞形花序，小花由外向内渐次开放，序花期一般为8～16天，开花期一般为1～6天（晴天开花期稍短，阴天开花期稍长）。西洋参小花在一天之内均可开放，但以6—12时开花最多。小花开放后1～4小时散粉。一般散粉朵数占总数的45%左右。

2. 结果习性

西洋参开花后2～4天子房开始膨大，进入结果期。结果顺序与开花顺序相同。果期为50～70天。果实初期浅绿色，进而转为深绿色，成熟前为紫色，成熟时鲜红色。西洋参果实成熟后易脱落，故而生产上要适时采收。

第三章　西洋参植物生理学

第一节　西洋参的光合生理

西洋参属于典型的阴性植物，在长期的自然进化过程中形成了对特定生长环境的适应性。其生长发育以及体内有效成分的含量与温度、光照、水分和土壤等环境因素有关。因此，在人工栽培时，应根据西洋参对环境的特殊要求，为其提供适宜的生长环境。光环境是阴生植物生长发育最重要的环境要素之一。光质、光强是光环境的重要组成部分，二者均可对根茎作物的生长发育产生显著影响。

西洋参叶片光合作用的适宜温度为20～32℃。不同生长阶段叶片光合作用对温度的响应特性有变化，展叶期至绿果期的叶片不仅光合速率较高，对温度变化的响应也敏感；红果期和黄叶期的叶片不仅光合速率较低，对温度变化的响应也不敏感。在不同温度条件下培养的西洋参植株叶片，表现为随着生长期间温度的变化光合作用的温度响应也发生相应的变化趋势。用室内不同温度条件下培养的西洋参植株叶片研究表明，生长期间温度增加5～6℃，光合作用的适宜温度增加2～3℃。西洋参生长的最适宜温度要低于光合作用的适宜温度5℃左右。

西洋参叶片完全展开后，叶片光合速率即达到最大值，开花期叶片光合速率略有下降，绿果期出现第二个高峰，此后随着果实的成熟，光合速率呈持续性下降。弱光下和适宜光照条件下，绿果期后叶片光合速率下降较小，强光下叶片光合速率下降较大，叶片出现早衰。叶片光合效率在绿果期后也呈下降变化，但在叶片完全展开后至绿果期叶片光合效率基本稳定。叶片气孔导度和蒸腾作用在整个生长季节表现与光合速率类似的变化趋势，但绿果期后叶片光合速率的下降较大，气孔导度和蒸腾作用的下降较小。对不同生长阶段细胞间CO_2浓度的分析表明，细胞间CO_2浓度以绿果期最低，红果期和黄叶期依次上升，说明绿果期后叶片光合速率的下降属于非气孔限制。不同生长阶段叶片光合速率的变化与植株对光合产物的需求有关。

西洋参叶片光合作用的日变化在不同光照条件下表现三种不同变化模式，弱光下（5%和10%透光率荫棚）叶片光合速率呈单峰曲线型变化，以12—13时为最高；20%～40%透光率荫棚下的叶片，9—11时和12—13时叶片光合速率较高，下午呈下降变化；50%透光率荫棚下的叶片光合速率以9—11时最高，中午呈下降变化。叶片光合效率以9—11时最高，12—13时略有下降，14—16时最低。5%～30%透光率荫棚下叶片光合效率的变化并不大，40%透光率荫棚下叶片光合效率开始下降，50%透光率荫棚下最低。一日中气孔导度的变化与光合速率的变化基本一致，而蒸腾作用与光合作用的关系并不密切，主要受一日中光照和温度的影响。叶片光合速率的水分利用效率以9—11时和12—13时较高，下午呈下降变化。细胞间CO_2浓度一天中变化并不大，下午略有上升。

光质方面，蓝、紫光对西洋参茎叶生长有抑制作用，蓝、紫光下植株提前2周左右衰老，其中以紫色光下最为明显。红、绿光对植株茎叶生长有促进作用，但绿光下叶片展叶时间推迟2～3天。叶片叶绿素含量以蓝、紫光下最高，白、绿光下次之，红、黄光下最低；叶绿素a/叶绿素b的比值以蓝、紫光下最低，红、绿光下最高；与白光下叶片相比，蓝、紫光和黄光下叶片较厚，叶肉细胞层数和单位面积细胞数目增加，而红、绿光下则较低；在低光强［70微摩/（米^2·秒）］下，蓝、紫光下和红光下叶片光合作用和光合效率最高，白光下次之，黄、绿光下最低。饱和光下，各种光质下叶片光合作用基本一致。不同光质下，叶片光合作用的光饱和点有差异，以黄、绿光下最高，白、红光下次之，蓝、紫光下最低。

第二节　西洋参的水分生理

水分是西洋参生长及其新陈代谢的物质基础，是其生长发育过程中重要的环境条件之一，对其产量、品质和病虫害等有着重要影响。

一、水分对西洋参生长特性的影响

西洋参根系对土壤的透气性要求较高，最适三相比要求气相达50%。当土壤含水量过高时，土壤通气不良，氧气不足，参根进行无氧呼吸，产生和积累较多的有毒物质，使根系中毒；土壤中好气性有益微生物活动受阻，而不利于根系生长的厌气性微生物活动旺盛，加之参根几乎无机械组织保护，因而在较高湿度条件下极易染病和发育不良。当土壤水分达不到西洋参生长需要的水分条件，影响土壤中有机质和无机盐的溶解，限制肥水的吸收，进而导致减产。西洋参全生育期内土壤相对含水量为80%时，植株健壮，光合速率高，参根增重快，不同生育期中土壤水分不足（小于60%）或过大（100%）时，参根生长慢。土壤水分对西洋参生长发育的影响依土壤结构变化而变化，沙质壤土50%有效水分含量和粉沙壤土75%有效水分含量是适宜西洋参生长和获得较高产量的土壤水分。

二、水分对西洋参生理特性的影响

植物在自然条件下不可避免会经历干旱和涝渍两种水分胁迫，均可引起植物细胞的生理脱水或缺氧，活性氧代谢失衡，导致膜脂过氧化，直接影响植物的生长发育和生存。但植物体内一系列的抗氧化酶类和渗透调节物质组成的抗氧化防御系统则起到清除这些活性氧自由基，保护细胞内生物大分子结构的作用，来避免水分胁迫造成的伤害。

西洋参栽培过程中常常遇到干旱或者涝渍的情况，严重影响其生长发育与生理特性。西洋参幼苗叶片丙二醛（MDA）

含量随水分胁迫强度的增加逐渐升高，说明干旱和涝渍胁迫均对质膜造成了损伤，且随着胁迫强度增加，损伤程度加重；渗透性调节物质脯氨酸含量随着水分胁迫的加剧持续升高，说明西洋参即使在重度干旱与淹水胁迫下渗透调节也有效发挥作用，调节细胞内外的渗透势以缓解水分胁迫对植株造成的伤害。西洋参叶片SOD（超氧化物歧化酶）、POD（过氧化物酶）、CAT（过氧化氢酶）酶活性随水分胁迫强度的增加均呈先升高再降低的趋势，说明西洋参可通过提高渗透调节物质含量来维持细胞稳定性，抵御水分胁迫，通过增强体内的抗氧化酶活性及抗氧化物含量使之相互协调来提高其抗逆性，减轻膜脂过氧化作用的伤害，从而减轻水分胁迫造成的伤害。另外，干旱处理组的西洋参SOD、POD、CAT酶活性和游离脯氨酸均高于涝渍处理组，MDA含量均低于涝渍处理组，表明涝渍胁迫对西洋参细胞膜的损害程度更重，西洋参对于水分胁迫有一定的抗逆性，且西洋参对于干旱胁迫较涝渍胁迫有更强的抗逆性。

三、水分对西洋参光合作用的影响

植物叶绿素含量的高低是反映植物光合能力强弱的重要指标之一，叶绿素含量的增加可能与植物对环境因子的补偿与超补偿效应有关，随非生物胁迫程度的增加，超过了其补偿能力，叶绿素含量下降。水分过多过少都会降低植物光合色素含量，因此植物叶绿素含量的变化，可在一定程度上反映植物在水分胁迫下光合作用的变化。在干旱胁迫条件下，西洋参叶绿素a、类胡萝卜素、总叶绿素含量均随胁迫程度的增加呈先升高后降低的趋势，叶绿素b含量随胁迫程度的增加呈逐渐升高趋势；涝渍胁迫条件下，西洋参叶绿素a、叶绿素b、类胡萝卜素、总叶绿素含量均随胁迫程度的加剧呈逐渐降低的趋势，表明西洋参既不耐干旱，也不耐涝渍。

西洋参在正常的水分供应条件下，光合比较稳定，而生长旺盛季节的突发性干旱胁迫处理1周，使西洋参光合速率显著降低，并在2周内降到最低值附近。土壤相对含水量为80%时，西洋参光合速率最高，有利于干物质积累，若土壤相对含水量高于或低于80%时，光合速率均明显降低。

干旱胁迫对植物光合作用的抑制包括气孔限制和非气孔限制，前者是指干旱胁迫使气孔导度下降，CO_2进入叶片受阻进而使光合下降，后者是指光合器官光合活性的下降。当水分不足时，光合器官中首先受到影响的是气孔，气孔部分关闭，气孔导度降低，一方面使通过气孔蒸腾损失的水分减少，另一方面使通过气孔进入叶片的CO_2减少，导致光合速率的降低。西洋参在受到干旱胁迫时净光合速率（Pn）、气孔导度（Gs）、蒸腾速率（Tr）和水分利用效率（WUE）均下降，但胞间CO_2浓度（Ci）升高，说明干旱胁迫条件下西洋参光合作用降低主要是由非气孔因素所致。西洋参叶片光合作用日变化过程中气孔的限制作用并不大，胞间CO_2浓度一日中保持基本恒定，保证了CO_2的有效供应；在比较干热地区，胞间CO_2浓度下午呈下降趋势，表现出一定的气孔限制作用，使得水分利用效率明显提高，说明气孔的作用在于有效地控制水分，增加水分利用效率，提高光合能力。

四、水分对西洋参品质的影响

环境的变化可以影响植物基因的表达，从而影响其次生代谢产物的形成与积累。土壤水分是影响人参皂苷积累以及关键酶基因表达的重要生态因子。适宜的土壤水分能提高根、茎、叶组织中关键酶基因的表达，明显增强人参皂苷合成途径下游的*DS*、*β-AS*和*CYP716A47*的表达，进而显著增加总皂苷的合成与积累；随着土壤水分的升高，*CYP716A52v2*基因表达量与单体皂苷Ro含量随之升高，而单体皂苷Rg_1、Re及总皂苷含量降低，说明水分因子调控人参皂苷合成关键部位可能是下游基因。一定土壤含水量的范围内，适度的调控可以促进关键酶基因表达的上调，进而促进人参皂苷的合成。土壤相对含水量为60%～80%时，有利于西洋参总皂苷的积累，水分过大（100%）时，单位质量西洋参根中总皂苷含量明显降低；水分过小（小于60%）时，单位质量西洋参根中单体皂苷Re、Rb_1、Rc、Rd和总皂苷含量均有所增加。因此，可以通过调控土壤水分调节西洋参皂苷含量，进而调控西洋参品质。

第三节　西洋参的营养生理

我国于20世纪80年代从北美洲引种成功后，经过近40年的栽培实践，目前吉林和山东成为我国西洋参的主产区，种植技术逐渐成熟，但对西洋参的营养需求规律仍然知之甚少。土壤中的氮（N）、磷（P）、钾（K）、钙（Ca）、镁（Mg）等常量元素及铁（Fe）、锰（Mn）、硼（B）、锌（Zn）、铜（Cu）等微量元素是植物生长所必需的营养元素，当某种元素长期不足或过多时，植物的生长和生理功能则受到抑制，并产生症状，最终导致中药材产量和品质降低。缺素对西洋参生长的影响顺序为氮>磷>钾。田间试验表明五年生西洋参对常量元素的吸收量依次为氮、钙、钾、镁、磷，微量元素依次为铁、锰、硼、锌、铜。不同年生西洋参对氮、磷、钾的吸收比例不同，一年生为6.71∶1∶4.35，二年生为6.48∶1∶4.13，三年生为6.91∶1∶7.69，四年生为9.28∶1∶9.12。

采用沙培试验设置Hoagland全营养液和10种营养元素缺乏处理。发现缺氮、钾、铁可导致西洋参叶片明显失绿黄化；缺氮、钾、钙、镁和硼是导致株高和叶面积下降的主要因子；所有缺素处理西洋参的生物量均显著下降（$P<0.05$），其中缺氮、钾、钙、铁下降最多，全株生物量低于全营养对照的50%以上。氮、钾、铁缺乏是导致西洋参净光合速率、气孔导度、细胞间CO_2浓度、蒸腾速率、叶绿素含量下降的主要因子；氮、钾、钙缺乏是降低根系活力的前3位因子；不同营养元素缺乏对西洋参6种单体皂苷的影响有差异，综合来看，氮、磷、硼、锌、铜缺乏对皂苷的合成影响最大。

一、氮

氮（N）是植物生长必需的常量营养元素之一，缺乏时会严重影响植物的正常生长，但氮肥施用过多也会给作物乃至土壤、水源环境等带来一定的危害。

二年生西洋参的适宜施氮量为10克/米^2，此时西洋参产量达107.58克/米^2，二年生西洋参收获期时可溶性总糖含量为15.12%，果糖、葡萄糖、蔗糖、麦芽糖的含量分别达到0.3%、0.59%、7.16%、2.70%，9种皂苷总量达3.80%，蛋白质含量为8.65%，16种主要氨基酸含量为2.40%，硝酸盐含量为14.74毫克/千克。二年生西洋参各个生育期的叶面积、叶重、茎高、茎重、根长、根径、根重以及叶绿素相对含量、光合速率，随氮素水平的提高呈现先升后降的变化规律，在施氮量为10克/米^{2}时出现最高峰，且达到显著性差异（$P<0.05$）。二年生西洋参收获期茎叶中，有效成分含量随氮肥用量的增加呈现先升高后降低的趋势，可溶性总糖在5克/米^{2}施氮量时有最大值13.49%，比对照组增加31.40%，差异显著；总皂苷含量在5克/米^{2}施氮量时达到峰值，为10.35%。二年生西洋参收获期参根中，可溶性总糖在5克/米^{2}和10克/米^{2}两个施氮量处理含量较高，分别比不施氮肥显著增加25.40%和24.24%，持续增加氮含量则会明显降低可溶性总糖的积累；总皂苷在施氮量为10克/米^{2}时出现最大值，含量为4.34%，比对照组增长18.29%，但差异不显著；蛋白质含量在较低氮素浓度时含量变化不明显，含量在9克/100克左右，在40克/米^{2}高氮水平下积累量显著降低；随氮水平的提高，氨基酸含量出现不同程度的增加，其中5克/米^{2}施氮量增加量最多，比对照组显著增加22.19%。二年生西洋参收获期体内硝酸盐的积累随氮素水平的提高出现不同程度的增加，硝酸盐含量变化范围为14.37～32.92毫克/千克，亚硝酸盐含量变化范

围为0.94～1.47毫克/千克。

二、磷

磷（P）是构成植物体内核酸、核蛋白、磷脂、激素和多种酶类的成分。长期以来人们极为关注作物对磷的吸收利用，以及在植物体内的运转分配规律和参与的代谢途径、作用等生理过程。利用磷示踪法动态地测定了西洋参对叶面磷的吸收、分配及代谢过程，以期揭示西洋参磷素营养代谢的特点。

植物不仅能由根部吸收磷，叶面也能吸收利用少量低浓度、水溶性磷。叶面供磷具有营养吸收快、针对性强的特点，是对根部吸收营养的一种补充。在西洋参花期、果期叶面供磷试验结果表明，西洋参能够迅速吸收施于叶面的磷且吸收率随时间而逐渐提高；磷在参株内的分配趋势是地上部高于地下部，随着生育期的推进，花及果实逐渐成为分配中心。研究者跟踪测定了叶面施磷后不同时期参株内某些磷化物的放射性活度，借以观察西洋参磷代谢过程的变化动态，结果表明，参株从叶面吸收的磷迅速参与代谢过程，由无机磷合成多种有机磷，其中80%左右掺入酸溶性组分。在供试时期内，磷在RNA中分配花期大于果期；同一施入时期，磷在RNA和DNA中的分配规律为RNA大于DNA。

由此可见，磷是西洋参生长发育过程中不可缺少的营养元素之一，西洋参对磷的吸收利用随生育期的递进而增加，不同生育期叶面施磷，磷主要向代谢活性部位分配，果期果实是磷的主要分配中心；花期叶面施磷有利于向茎叶部转移。

三、钾

钾（K）是西洋参生长发育的必需元素之一，对其产量和品质有重要作用。以二年生西洋参为材料，研究不同施钾量对土壤速效钾含量、西洋参各营养器官钾素含量、根中钾积累量变化的影响。试验设计了4个钾处理水平，每个处理水平的施钾（K_2O）量分别为0（K_0）、100千克/公顷（K_1）、200千克/公顷（K_2）、400千克/公顷（K_3），每个处理3次重复。结果表明，不同施钾量的土壤速效钾含量随时间表现出不同的趋势，总体来看，K_0、K_1为下降趋势，K_2保持基本不变，K_3略有增加。随着西洋参生长发育进程的推进，不同处理组西洋参中各营养器官中钾素含量在不同施钾量时呈现基本一致的变化趋势，根中钾含量都呈“S”形曲线增长；茎中钾含量都呈先升高后降低的趋势，9月最高；叶中钾含量都呈逐渐降低趋势。根和叶中钾含量10月时K_2高于其他处理，且K_2有利于西洋参果中钾的转入。西洋参根中钾积累量施钾处理显著高于不施钾处理（$P<0.05$），其中K_2根中钾素积累量在取样期间一直在增加且处于较高水平。综上所述，200千克/公顷施钾量既没有造成土壤钾消耗又能满足植物体吸收，为西洋参筛选最佳钾肥施用量提供科学依据。

四、中微量元素

1. 钙

钙（Ca）主要以果胶的形式参与植物细胞壁的组成。植物缺钙时，顶芽、幼叶初期呈淡绿色，继而叶尖出现典型症状是生长点生长受阻，萎蔫，严重时根尖、茎尖溃烂坏死。一年生西洋参缺钙时叶片边缘萎缩，根尖生长点发黄直到坏死腐烂，严重影响西洋参生长。

2. 镁

镁（Mg）是酶的活化剂，并且是叶绿素的主要成分，在DNA、RNA和蛋白质合成过程中起到活化氨基酸的作用。植株中镁是较易移动的元素。缺镁时，植株矮小，生长缓慢，先在叶脉间失绿，而叶脉仍保持绿色；以后失绿部分逐步由淡绿色转变为黄色或白色，还会出现大小不一的褐色或紫红色的斑点或条纹。症状在老叶、特别是在老叶尖先出现；随着缺镁症状的发展，逐渐危及老叶的基部和嫩叶。

3. 硫

硫（S）是细胞质的成分，以SO_4^{2-}的形式在植物体内同化为半胱氨酸和胱氨酸，及蛋白质中的巯基。硫作为辅酶A（CoA）的成分之一，与氨基酸、碳水化合物及脂肪的合成有关。植物缺硫时叶片均匀缺绿、变黄，花青素的形成和植株生长受抑制。西洋参缺硫时，叶片呈黄绿色。

4. 铁

铁（Fe）在植物生理上有重要作用。铁是一些重要的氧化—还原酶催化部位的组分。在植物体内，铁存在于血红蛋白的电子转移键上，在催化氧化—还原反应中铁可以成为氧化或还原的形态，即能减少或增加一个电子。铁不是叶绿素的组成成分，但缺铁时，叶绿体的片层结构发生很大变化，严重时甚至使叶绿体发生崩解，可见铁对叶绿素的形成是必不可少的。缺铁时叶片会发生失绿现象。铁在植物体内以各种形式与蛋白质结合，作为重要的电子传递体或催化剂，参与许多生命活动。铁是固氮酶中铁蛋白和钼铁蛋白的组成部分，在生物固氮中起着极为重要的作用。由于铁在植物体内难以移动，又是叶绿素形成所必需的元素，所以最常见的缺铁症状是幼叶失绿。失绿症开始时，叶片颜色变淡，新叶脉间失绿而黄化，但叶脉仍保持绿色。当缺铁严重时，整个叶尖失绿，极度缺乏时，叶色完全变白并可出现坏死斑点。缺铁失绿可导致生长停滞，严重时可导致植株死亡。西洋参缺铁时叶片发黄，呈浅绿色。

5. 锰

锰（Mn）是糖酵解过程中己糖磷酸激酶、烯醇化酶、羧化酶和三羧酸循环中异柠檬酸脱氢酶、柠檬酸合成酶、α-酮戊二酸脱氢酶等酶的活化剂。锰和铁一样，参与体内氧化还原过程，并能促进硝态氮的还原，对含氮化合物的合成有一定的作用。锰还对叶绿素的形成有良好的作用。因此，缺锰时，幼嫩叶片上脉间失绿发黄。呈现清晰的脉纹，植株中部老叶呈现褐色小斑点，散布于整个叶片，叶软下披，根系细而弱，但锰过多时也会使植物产生失绿现象，叶缘及叶尖发黄焦枯，并有褐色坏死斑点。

6. 铜

铜（Cu）是植物正常生长发育所必需的微量营养元素。植物中有许多功能酶，如抗坏血酸氧化酶、酚酶等都含有铜。在氮的代谢中，缺铜能影响蛋白质的合成，使氨基酸的比例发生变化，降低蛋白质的含量；在碳水化合物的代谢中，缺铜可降低叶绿素的稳定性，使叶片畸形和失绿；在木质素的合成中，缺铜会抑制木质化，使叶、茎弯曲和畸形，木质部导管干缩萎蔫。缺铜还能影响花粉、胚珠的发育，降低花粉的生命力，同时缺铜的植物，抗病性差，容易发生白粉病。

7. 锌

锌（Zn）是吲哚乙酸生物合成所必需，也是碳酸酐酶的组成成分，在很多酶中发现锌的存在，主要作为金属酶复合体的活化剂和主要组成成分，可通过改变酶的结构参与立体同分异构体的调节。锌参与糖酵解、三羧酸循环、戊糖途径、氮代谢、核酸及脂肪代谢几乎植物体所有代谢过程。锌较其他微量元素具有更多样的代谢作用。一年生西洋参幼苗生长对锌的需求较大，生产中，如果土壤中锌的含量较低，西洋参地上和地下部分生长均受到影响，叶片较正常叶小，叶绿素含量低，叶色变浅。锌中毒时，叶片生长缓慢，甚至停止生长，植株死亡。

8. 硼

缺硼（B）影响的是植物代谢活动旺盛的组织和器官，尤其是近尖端的细胞和分生组织细胞，如主根和侧根在缺硼条件下，其伸长受到抑制或停滞，根系呈粗短丛枝状；顶端生长点生长不正常或停止生长；幼叶畸形，叶和茎变脆，有时有失绿叶斑或坏死斑，出现木栓化现象；花粉发育异常，引起落花、不实和种子不稔等现象，使果实发育不能正常进行。

硼对生物膜的结构和功能有重要影响。硼、钼（Mo）

同施可提高细胞保护酶的产生，抑制膜脂过氧化作用，保护细胞膜。硼还能影响质膜ATP酶的活性。一般来说要使ATP酶具有活性，膜两侧需要有跨膜电势梯度，而硼具有稳定生物膜以建立这种梯度的能力，因此，适量供硼能使质膜ATP酶的活性增强。由于植物对矿质元素的吸收与膜的透性和ATP酶的活性密切相关，因此，硼还能影响植物对多种矿质元素的吸收。所以，硼与糖脂和糖蛋白形成氢键或酯类复合物将有助于保持膜上各种酶和离子通道的活性，使生物膜维持最有效构型。硼是细胞壁的成分，缺硼首先出现的症状就是细胞壁结构不正常。硼与细胞壁结构的关系是硼在植物体内最基本的生理功能。硼在细胞壁上通过与果胶结合影响细胞壁结构，钙和硼共同作用维持细胞壁的稳定性。缺硼时，新形成的果胶不能结合到细胞壁上，从而导致细胞壁结构紊乱。能抑制酚酸的形成，保护根尖与茎尖不受这类物质的伤害。硼通过两种途径避免细胞内酚类的积累：一是与酸类形成酯，减少酚类产生；二是促进多酚氧化酶的活性，并与酚类化合物形成酯，从而抑制酚的积累。硼还参与激素的代谢过程。缺硼时植物体内细胞分裂素合成减少，赤霉素含量下降，脱落酸及乙烯合成显著增加，激素代谢紊乱。缺硼叶片光合作用和呼吸作用分别降低。缺硼使植物体内叶绿素含量下降，叶绿体结构遭到破坏，气孔关闭，使植物对CO_2固定量显著减少，导致光合作用产物减少，影响碳水化合物的合成，对植物的生长发育产生重大的影响，最终降低品质和产量。

硼对植物体内碳水化合物的运输必不可少。缺硼使筛管中形成胼胝质，导致筛孔被堵所致，同时也与硼对质膜稳定性和透性的影响有关，从而导致糖运输受阻。此外，缺硼还会抑制尿嘧啶的生物合成，而尿嘧啶是葡萄糖二磷酸尿苷（UDPG）的前体物质之一，后者又是合成蔗糖所必需的辅酶，因此，缺硼必然导致碳水化合物运输受阻，抑制纤维素合成和细胞壁的形成。硼可促进蛋白质合成和硝酸还原酶活性及菌根的生长，有助于增强固氮能力。硼可能通过影响植物核酸和蛋白质的正常代谢，影响植物细胞的伸长和分裂，进而影响植物的生长。硼对植物生殖器官的建成和发育有较大的影响。缺硼会影响细胞壁结构和膜透性，使糖运输受阻，花器中可溶性蛋白和其他营养物质减少，从而使生殖器官受到显著影响。在植物的某些生殖器官中，如花药、柱头和子房，硼的浓度很高，可以达到其他器官的两倍，也说明了硼对生殖器官生长发育的重要性。

缺硼可抑制花粉萌发，特别是花粉管的伸长。此外，花粉中的糖渗漏程度也会随外界硼浓度的增加而下降，从而保证花粉萌发时有足够的营养，且低硼胁迫可以诱发产生防御素，抑制花粉管萌发和受精作用的完成。硼可影响许多酶的活性和生理生化作用，缺硼时导致酚类化合物累积，对植物产生明显的伤害。缺硼还可使过氧化物氧化酶的活性增加及过氧化氢酶活性下降，前者活性的增加可导致植物体内激素代谢紊乱，而后者活性的降低将使植物代谢趋于下降。缺硼还可使纤维酶和果胶酶的活性显著提高，导致植物早衰和器官脱落。

9. 钼

钼（Mo）能促进光合作用的强度，参与硝态氮的还原过程。植物缺少钼的症状主要表现为植株矮小，易受病虫为害。幼叶黄绿，叶脉间显出缺绿病或老叶变厚呈蜡质。叶脉间肿大并向下弯曲。如番茄叶片的边缘向上卷曲形成白色斑点而枯落。

10. 氯

氯（Cl）是高等植物生长发育所必需的营养元素之一。氯具有以下生理作用。参与光合作用。在光合作用中，氯作为锰的辅助因子参与水的光解反应。水光解反应是光合作用最初的一个光化学反应；调节叶片气孔运动。氯对叶片气孔的开张和关闭有调节作用，从而能增强植物的抗旱能力。此外，氯具有束缚水的能力，有助于作物从土壤中吸取更多的水分；抑制病害发生。施用含氯化肥能抑制多种病害的发生；促进养分吸收。氯的活性很强，非常容易进入植物体，并能促进植物对NH_4^+和K^+的吸收。

缺氯的一般症状为植株萎缩，叶片失绿，叶形变小。由于氯的来源广泛，仅大气、雨水中所带的氯离子，就远超过作物每年的需要量，因此在大田生产条件下，极少发生缺氯症。一旦发生缺氯症，施用NH_4Cl、KCl等含氯化肥，可使症状消除。

第四章　西洋参栽培技术

第一节　西洋参引种适栽区的选择

一、原产地西洋参的生态环境

以美国威州沃索市（Wausau）为例，该地区所产的西洋参占全美西洋参总产量的90%以上。这个地区面积大，地形为低山丘陵地带。土壤为森林灰棕壤，表层灰褐色，具有一定的团粒结构，腐殖质含量较高，沙质壤土或腐殖质壤土，pH值为5.3～6.5，通透性良好。

1. 植被

为次生天然硬木阔叶林，主要树种有槭、栎、桦、椴、白蜡、山核桃、杨、巴婆树以及一些针叶树等，高度为20～30米，树下草茂，郁闭度70%～80%。

2. 气候

西洋参产区特点为温带海洋性气候，该地区的气候主要是受墨西哥暖流的影响和太平洋、五大湖的调节，故气候温和多雨。年平均气温为3.6～12.7℃，1月平均气温为-11～-3.9℃，7月平均气温为20.1～24℃，年降水量为1 100～1 200毫米。

二、适宜栽培区的选择

综合西洋参的生长习性，西洋参的适宜栽培区应具备如下几个条件。

1. 气候条件

1月平均气温为-12～-8℃，最低气温-20℃；7月平均气温20～25℃，最高气温30℃；年降水量800～1 000毫米，年平均相对湿度60%。

2. 土壤条件

pH值5.5～6.5；土壤质地为沙质壤土或森林腐殖土；土壤有机质含量为2%～8%，团粒结构良好，排水通气性好。

西洋参在我国的引种栽培时间还不是很长，哪些地区最适合于西洋参的生长，尚有待于引种栽培实践的进一步验证。北纬45°以南的地区均可根据其生态习性，选择适宜的环境进行试种，既可以在平原种植，也可以在山区栽培。不论地区如何，栽培方式各异，但基本原则却是一致的，即要充分地创造条件（如改良土壤，人工浇灌等），使其更能满足西洋参生长发育对环境的需求，促使西洋参最大限度地生长，实现西洋参优质高效的栽培目标。

第二节　选　地

土壤质地直接影响西洋参保苗率、产量和根形，一般而言，腐殖土种植西洋参产量较农田土高。不同的土壤质地对西洋参根的生长有很大的影响。沙壤土种植的西洋参根长且直，类似胡萝卜状，须根少；黏重土壤中参根较短粗，须根发达。因此，土壤的适宜程度是西洋参生长好坏的关键。

综合西洋参对土壤的要求，应遵循以下选地条件。

一、地形地势

西洋参耐寒性较差，地形以冬季能阻挡寒流和夏季利于通风排湿的东向或北向缓坡为最佳，5°～15°的背阴缓坡及地下水位在1米以下的平地可作为西洋参园地。

二、排灌方便

西洋参喜水又怕涝，应注意在园中或附近有足够容易获取的水源，同时能够做到排水方便，以便做到旱能浇，涝能排，旱涝保收；水质应符合农田灌溉水质标准（GB 5084—2021）。

三、周边环境

园址要远离污染性工厂和依赖使用除草剂的大田或在它的

上风向，距交通干线100米以上，距加工场所的距离不宜超过50千米，周边应设有防风林；大气环境应符合环境空气质量标准的二级标准（GB 3095—2012）。

四、土壤质地

渗透性良好的黄沙腐殖土，黑沙腐殖土，森林腐殖土，沙质壤土及耕层肥沃，疏松，下层为沙土或粗沙粒之地块，渗漏性好有利于雨季排水防涝，透气性好，则利于参根之生长发育，减轻病害，防止烂根，能满足西洋参对水、肥、气、热的需求，应避免使用黏重土壤；土壤质量应符合国家相关二级标准（GB 15618—2018）。

五、土壤钙含量

西洋参适宜生长在钙含量不低于3 360千克/公顷的土壤中。低于此值时，西洋参易受到生物和非生物逆境胁迫的影响，西洋参的存苗率、根重和品质显著降低。

六、土壤pH值

西洋参喜欢微酸性土壤，土壤pH值为5.5 ~ 6.5，不宜超过7，碱性土壤种植的西洋参品质差，商品价值低。

七、土壤容重

土壤容重一般为0.8 ~ 1.2克/厘米^3。

八、前茬作物

前茬作物为禾本科及部分豆科作物，如小麦、大麦、玉米、高粱、大豆、牧草、紫苏、苜蓿等。不宜选择马铃薯、花生、棉花、西瓜、甜菜等地，以免加重病虫害对参业生产的威胁；应避免前茬使用过乙草胺、豆黄隆等除草剂的田块。

第三节　整　地

在西洋参的栽培全过程中，整地是极为重要的一项作业，是西洋参栽培的基础性阶段。整地的目的在于使土壤疏松，增加土壤肥力，改进土壤结构，保持适当水分，帮助土壤中养分分解，促进种子发芽与植株生长，减少病虫害的发生，确保西洋参种植的高报酬（优质、高产）。为此，整地必须极为细致。

一、土壤改良

清除田间前茬作物的根、茎、杂草、碎石等。因农田土有机质含量较低，明显低于林地腐殖土，肥力较低，土壤理化性状差，因此农田土需要进行施肥改土。

农田改土需在选好的栽参地上，施用堆肥、厩肥、草木灰等大量有机肥，或种植大豆、紫苏等，在入伏前将地上部粉碎进行多次耕翻，使土壤熟化，以达到提高土壤有机质含量，改善土壤理化性状的目的。生产上比较常见的施肥改土的方法，一般每平方米施入25千克细炉灰，腐熟的鹿粪及猪粪每平方米10～15千克，过磷酸钙及硫酸钾每平方米100～150克。其他如豆饼可每平方米施入0.2～0.3千克，骨粉0.5千克，具体施肥量的多少、施肥的种类依土壤肥力状况和条件而定。由于农田土比较贫瘠，需在开始种植西洋参的前一年开始整地。一般在这间隔的一年时间里不种植任何作物，而是结合施肥，从5月开始每半月耕翻一次。为消灭地下害虫，在6—7月施入杀虫剂，施后翻耙均匀。提倡种植苏子等绿肥植物，在入伏前将地上部粉碎并进行多次耕翻，使土壤熟化增加有机质含量。翻耕深度一般25～30厘米，防止将底层的生土翻起。这样经多次翻耕，可以消灭杂草、提高土壤有机质含量、改善土壤理化性状，减少有害微生物，增加细菌、放线菌等有益微生物。良好的土壤条件，为植株的健康生长提供保障，增强参苗抗病性，减少病害发生，达到高产优质的目的。生产实践已经证明土壤改良是决定种植西洋参成败与收益的关键技术措施。

二、土壤消毒

农田土壤是一个复杂的生态系统，生存着大量的微生物、昆虫、原生生物等。对西洋参生长造成极大为害的立枯病、猝倒病、湿腐病的病原菌，金针虫、蛴螬等地下害虫均在土壤中繁衍生息，土壤的休闲与翻耕只能抑制或杀死部分有害生物，一旦环境适宜，残存的有害生物还会大量繁殖，因此用化学农药处理土壤，最大限度地控制有害生物的迅速繁殖至关重要。

土壤消毒常采用撒毒土或喷浇的方式，所用农药多为杀菌杀虫剂，也有部分除草剂。

1. 杀菌剂的使用

以50%的多菌灵或70%代森锰锌可湿性粉剂15～20克/米^{2}处理土壤，可有效地控制西洋参的苗期病害，以70%代森锰锌或25%乙膦铝适量处理土壤，对控制黑斑病、湿腐病效果良好。在美国、加拿大及我国东北产区使用最为普遍。

一般土壤处理用杀菌剂的使用时间多在播种之前1周左右施于参床的5～10厘米土层内，以使药效在西洋参生育期内维持较长时间，也可在土壤休闲时将药剂总量的1/3～1/2施入田间，也可收到良好效果。

2. 杀虫剂的使用

西洋参田使用杀虫剂主要防治地下害虫，包括金针虫、蛴螬、地老虎、蝼蛄等。可撒毒土，也可喷浇使药液渗入土壤。西洋参对杀虫剂较为敏感，易产生药害，因此在生育期使用杀虫剂应严格把握用药浓度及次数。

休闲地使用杀虫剂时，可在下次翻耕前施入，施入后立即翻耕，可使农药发挥更好的药效，并能延长其残效期。如使用50%辛硫磷乳油1.5～2.5千克/亩（1亩≈667米^2，1公顷=15亩，全书同），在地下害虫活动盛期施用其总用量的2/3于休闲田间，可有效地控制地下害虫的生长与繁殖，余下的1/3药量于播种或移栽前施于参床表土层内。这样既能使农药发挥更大的效力，又可使西洋参免受药害。

第四节　作床及搭置荫棚

一、双透高棚

1. 参床走向的选择确定

一般参床的走向以南北为宜，但选择坡地种参时，参床的走向应与实际地理环境相适应，总的原则是“利用早晚光，避开中午阳光，不用正南阳光”，一般以9—10时阳光从床内退出为标准，同时应利于排灌及田间操作。床面宽度多为1.2米，床面高为25 ~ 35厘米，作业道宽50 ~ 60厘米。根据参床宽度决定栽杆的行距，高棚双透改良式参棚的栽杆行距一般为2.2米。

2. 栽杆

一般杆栽于参床中间，要求将杆埋入地下50 ~ 70厘米，每根杆要垂直于地面，整体上杆与杆之间应横成行，纵成列，以便于拉铁丝及上苇帘。

参地用杆多为水泥立柱、“U”形镀锌钢立柱或木立柱。水泥立柱的规格为10厘米 × 10厘米 × 250厘米，或8厘米 × 8厘米 × 230厘米；镀锌钢杆厚2毫米，长2.5 ~ 2.6米；木杆较细一端直径至少在4厘米以上，长2.3 ~ 2.5米。前两者投资大，但使用周期长；后者投资小，使用时间短。

3. 作参床

栽好杆，可用犁在杆的两侧向中间翻土，形成参床及作业道的基本雏形，然后以人工细致作床，要求打散土块，捡出残枝败叶及石块，床面根据各地不同条件做成半平面形、平面形及弓形（图4-1）。

这三种形状的参床各有优缺点，前两者优点是土层厚度相近，能为参根生长提供较厚的土层而使参根具有高产及优质的特征，其缺点是排水差，尤其是连阴雨天，容易产生涝害。弓形床排水良好，但参床两边土层薄，参根质量及产量易受不良影响。

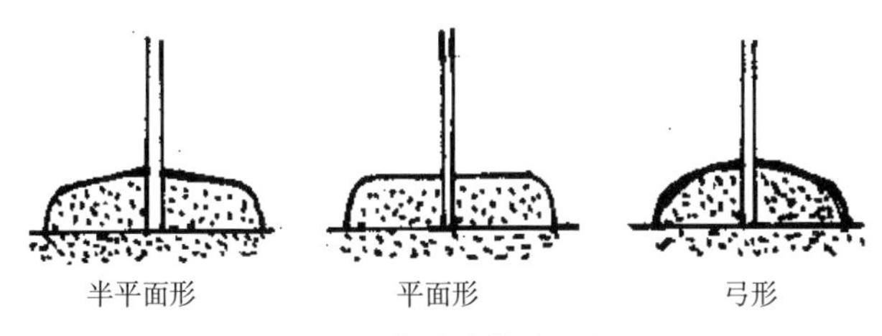

图4-1 参床的基本形状

参床的形状取决于参田所处的地理位置及自然环境条件，作床质量的好坏，直接影响西洋参的生长发育状况及产量质量，因此参床一定要整细，除去杂草、枯枝石块等杂物，使土壤干净整洁；地势较平坦或低洼的农田栽参时，要增施农家肥，掺沙改良土壤，高床栽植，并加强排水措施，地势高燥，参床可低些，为西洋参的生长创造良好的土壤条件。

4. 搭置棚架

改良高棚示意如图4-2所示。

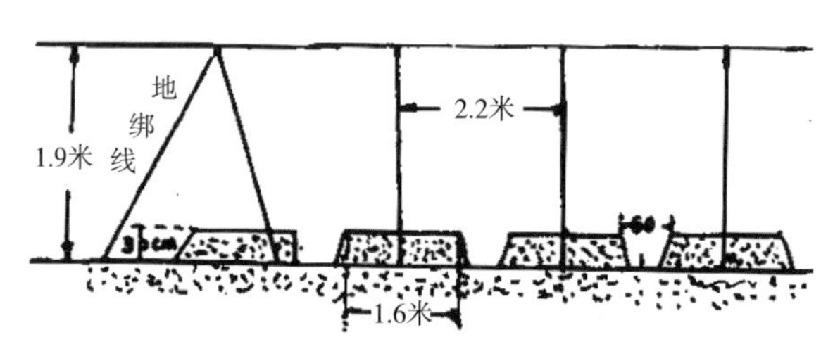

图4-2　改良高棚示意

棚架材料是水泥立柱、“U”形镀锌钢立柱或木杆130根/亩。固定棚架用料为8号铁丝，160千克/亩；3米长的细竹竿（直径1.2厘米）1 000根/亩；22号铁丝5千克/亩；苇帘长4米、宽2.5米，170片/亩（4年用）。图4-3为改良高棚平面图，横梁纵梁用8号铁丝。

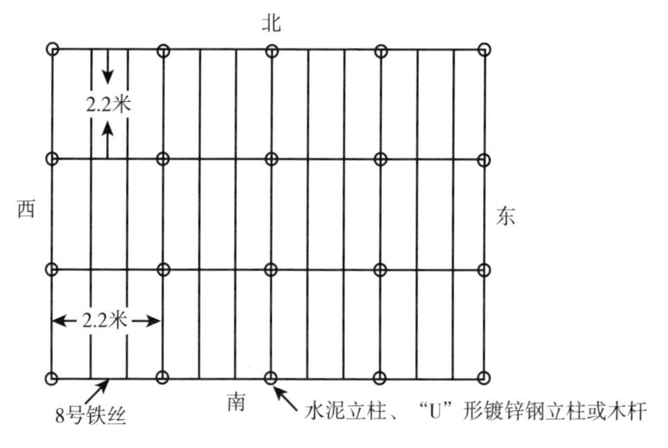

图4-3　改良高棚平面（参床走向南→北）

用8号铁丝搭棚时水泥立柱或“U”形镀锌钢立柱的株行距2.2米 × 2.2米，栽深为40 ~ 50厘米，每个参床中间都有一行杆。

用8号铁丝搭棚，有很多好处，第一成本较低，第二使用年限长，第三比较牢固。8号铁丝拉上边的网时，一定要把每根铁丝拉紧，铁丝不能过稀，一般横向2.0～2.2米一根铁丝，纵向50～60厘米宽1根铁丝，铁丝与铁丝交叉地方一定用22号铁丝绑紧，铁丝与杆上边的钢筋头绑紧，每根铁丝在地头上一定要拉紧绷线，使铁丝、杆和参地成为一体。

双透高棚，投资少，操作简便，田间空气流通状况良好，工作空间大，便于田间机械化作业。

5. 遮阳材料的上置

（1）遮阳材料的种类

常用的遮阳材料有以下几种。

①苇帘：通透性好且可按西洋参的不同生育期对光的需求调节透光度。使用时间较短，多为2年。近几年取材不易，苇帘受到限制。

②尼龙网棚：是依据西洋参对光的要求设计制造，透光度在18%～22%的黑色或绿色尼龙网状材料，搭置方便，使用时间长（4年以上），缺点是时间长或高温季节易下坠，形成积水区域，雨季易造成参床积水死苗。在夏季温度较高的地区，黑色尼龙网棚的吸热性会使参棚内温度升高。

（2）上苇帘

西洋参是一种喜光怕晒的作物，打苇帘及上帘时一定要根据本地区的情况选择适宜的透光度，气温高，透光度可以小一些，气温低，透光度可以大一些，一般透光度在18%～22%，透光要均匀一致。

西洋参所用的苇帘是特制的，双透高棚所用苇帘长4米、宽2.5米，14根荆绳，使用寿命2年以上。上帘时间一般在参苗出土前为宜，上苇帘时一定要把苇帘之间的连接处绑紧，防止苇帘被风吹跑吹坏，参地四边也要用苇帘或树枝子围上，防止强光和反射光的照射。

6. 作床及搭置棚架注意事项

一是栽杆要直，横竖成行，高矮一致。

二是作床要细，避免产生积水区域，除净石块，树根等杂质，防止憋芽。

三是铁丝要绷紧，棚架应牢固可靠，避免被大风吹倒或积雪压倒棚架。

四是上帘透光度均匀一致，接茬严密，避免产生漏光带，使强光透过晒死参苗。

二、双透可调光矮棚

1. 整地与作床

首先用旋转犁或五铧犁深翻20厘米左右，翻地后用重耙耙一遍，耙地时拖拉机要走对角线，使圆盘耙将翻地翻起的大土块横向切碎，圆盘耙的后面横拴一条钢轨，捞平。耙后的土地无大土块，土地平坦。

耙地后作床，作床要根据地块的坡度、坡向确定参床的走向，合理区划，留好田间道，使小型车辆能在参地内通行。留好排水沟的位置。

在每一个大区内的中心线立5～10个标杆，用五铧犁翻第一犁，将划线器放开，翻到地头后，沿划线器划的线返回，将床作成两沟之间的距离为1.8米，床面宽1.2米，床高25厘米。五铧犁以中心线为中心左右往返画圈运行，直至完成整个大区为止。其他的大区按此方法逐一作床（图4-4）。

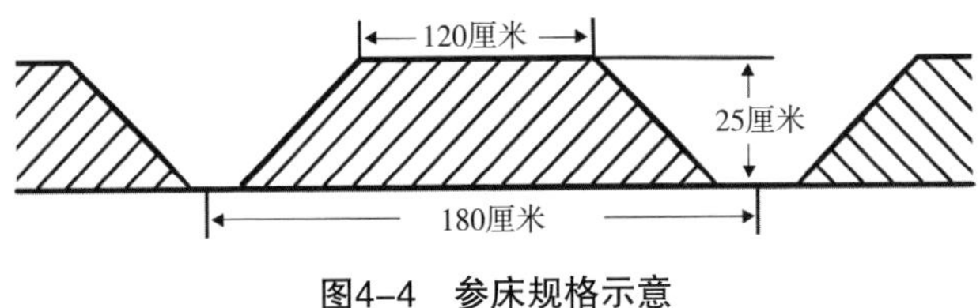

图4-4　参床规格示意

机械作完床的沟内有许多土块和虚土，用人工将这些土块和虚土用铁锹清到床面上，使床面成拱形，床沟内无虚土，为旋耕打好基础。

清完沟的床面用轮距1.8米的胶轮式大型拖拉机悬挂幅宽1.25米的旋耕机旋耕，旋耕深度15厘米以上。

旋耕后的床沟内有许多虚土，用人工清到床面上，使其成拱形，床面平坦待翌年春季播种使用。

2. 搭棚架

参棚采用双透可调光矮棚，弓形，弓高点距床面105～110厘米，根据资源情况和费用高低不同，采用3个不同的棚架结构。

（1）立柱加竹竿（或竹坯子）棚架

立柱用85～90厘米长，小头直径4厘米的松木、柞木、曲柳等硬木耐烂的树种，不能使用桦木、椴木和杨木，小头砍出尖。竹竿用2.5～2.8米长、直径1.5～2.0厘米的弓条。备好22号铁线、20号铁线、钢筋钩、16磅大锤。

①钉立柱：用大锤将立柱钉在床帮距床面上沿1/3处，每2.5米一个立柱，床两侧对应位置钉立柱，将立柱钉入地下40～50厘米，地上部分留40～45厘米，弯的部分要顺畦的方向，否则影响作业和棚架的取直。参床两头的第一个立柱要在床头的外侧，防止搭棚后阳光过大照在床头上。在床头两端的中心位置，各斜钉一个立柱，用于固定大梁的铁线。

②绑竹竿：两个人分别站在床的两侧，将竹竿的一头用22号铁线固定在立柱上。每个竹竿绑2道22号铁线，铁线首先要在竹竿上绑紧一道，然后用钢筋钩拧紧在立柱上，使竹竿上下左右不能晃动。固定好竹竿的一头后，再用同样的方法固定竹竿的另一头，使竹竿成弓形，弓的高点距畦面105～110厘米。绑下一个竹竿时，要与前一个竹竿的大小头相反，避免弓条向一侧倾斜，确保整个床棚的中心线在床面的中心线上。在绑竹竿的过程中，有断的和折劈的要换掉，重新绑一个。

每50米的标准床用立柱44根，固定拉线的立柱2根，用竹竿22根，每亩地用立柱345根，用竹竿165根。

③挂大梁：用20号铁线将每个竹弓条在弓高点连接在一起，固定住。首先要将床头的第一个竹弓条与床头的斜立柱固定好，使竹弓条向床的外侧斜，防止在扣遮阳网时将立柱向床内侧拉斜或拉断弓条。然后用20号铁线从第一个弓条开始逐一个连线，每个弓条都要缠一圈，拉紧，从第一个连到最后一个弓条。最后一个弓条的固定与第一个弓条的固定一样。使整个棚架成一个整体（图4-5、图4-6）。

图4–5　主柱加竹竿棚架

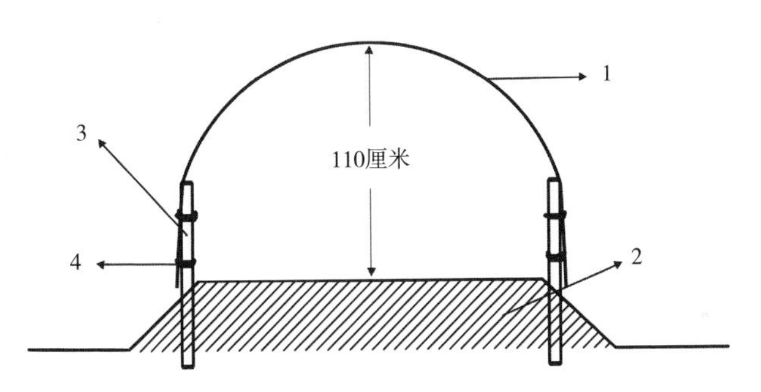

1—竹竿；2—参床；3—立柱；4—22号铁线。

图4–6　立柱加竹竿棚架示意

（2）立柱加榛树条（虎榛材）棚架

①钉立柱：与立柱加竹竿的方法相同，用立柱的数量也相同，用榛树条的数量是竹竿的一倍，与立柱的数量相同。

固定榛树条。榛树条的规格为长2.5米、大头直径1.5～2厘米，用1.5～2寸（1寸≈3.33厘米）的铁钉2个，将榛树条的大头钉在立柱上，床两边各一人，向立柱钉一根树条，每人用左手把住树条距床面80厘米左右的位置，右手向对方拉树条，将对应的两个树条缠绕在一起，形成弓形，弓最高处距床面105～110厘米，树条尖部用22号铁线绑紧。

②挂大梁：与第一个方法相同。

③剪枝杈：榛树条上有许多枝杈，为了不使其刮遮阳网，挂完大梁后，要用果树剪枝用的剪子将弓条上方和侧面的枝杈贴根剪去，使弓条平滑，便于扣网（图4-7）。

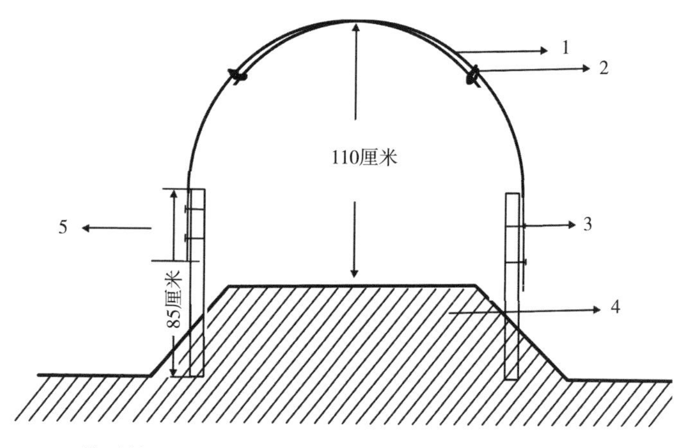

1—榛树枝；2—22号铁线；3—钉子；4—参床；5—立柱。

图4-7　立柱榛树枝棚架结构示意

（3）松树枝棚架

松树枝的自然态度是向内弯曲的，两个向内弯曲的树枝缠绕在一起形成了一个弓形。鲜树枝缠绕在一起，松树枝越干越硬，十分牢固。利用松树枝的这些特点制作西洋参棚架，不违反林业政策，又节约材料费用。松树条直径大约2.5厘米，长2.5米，砍去枝杈备用。

①搭棚架：地硬的地块，用铁钎子钉个45°角的眼，将松树条的大头（砍尖）插入眼中，使松树条向床面弯曲，相对应的两个松树条缠绕在一起成弓形，用22号铁线绑紧，弓高点距床面105～110米。地软的地块可用松树枝直接按45°角插入地下。间距2米，每50米标准参床用松树枝52根，每亩用松树条364根左右。

②剪枝杈：搭完弓条，挂完大梁后，用剪枝用的剪子剪去弓条上多余的枝杈，使弓条平滑，不刮遮阳网（图4-8、图4-9）。

图4-8　松树枝棚架

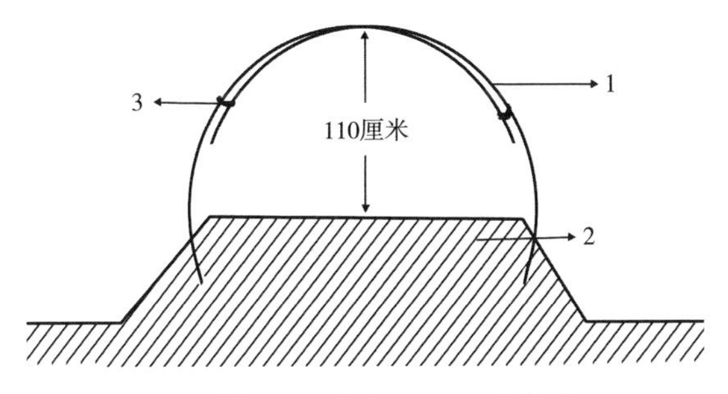

1—松树枝；2—参床；3—22号铁线。

图4-9　松树枝棚架结构示意

除以上架棚材料外，市场上还出售镀锌管制成“U”形棚架以及固定塑料膜和遮阳网的卡扣，使得搭棚效率大大提高。

3. 上遮阳网

5月上中旬，搭完棚架的地块扣遮阳网，扣遮阳网要赶在西洋参小苗拱出草面之前，越早越好，早扣网小苗出土快，扣网晚会影响小苗的出土和生长（图4-10）。

图4-10　西洋参单透模式（吉林种植模式）

遮阳网的规格：长104米，宽2米，遮光率为70%。质量要求可持续使用5年。每卷遮阳网可扣2个50米长的标准床。

在扣遮阳网时，4个人一组，2人在前面放网，2人在后面用22号铁线固定。两个床头要将遮阳网绑在立柱上，南面（或西面）的一头网要落到底，北面（或东面）的一头落下50厘米即可。两头拉紧，两侧的网每隔一个立柱用22号铁线绑上，铁线先绑在立柱上再拴住网边，隔一个绑一个，有利于扣调光网和拔草、打药。

第五节　播种与移栽

一、播种

1. 播种方式

（1）秋播

秋播不宜过早，山东一般在11月中下旬进行，将已完成形态后熟的种子在土壤结冻前播入参床，生理后熟过程在参床土壤的自然状态下完成，翌年春季出苗。由于秋冬春三季更替，使参籽与土壤充分结合，不破坏参床之自然状态，因此春季出苗早且好，扎根快，生长势旺盛，抗逆性强。这种方法适宜于气候温和湿润，土壤蒸发量小，不会出现冬春季干床现象的地区。

（2）春播

春播宜早不宜迟，北京地区则以春播为主，土壤解冻即可播种，过晚则种子萌发会影响播种操作及出苗率，造成损失。干旱地区应在入冬前上足冻水，以保证春季播种的土壤墒情。春播时间的早晚主要受控于种子处理情况，一般隔年籽以早播为宜，当年籽处理则应视种子的后熟状况而定，最好在种子刚刚要萌发时播下，以缩短出苗时间，减轻苗期病害。

2. 播前处理

（1）土壤处理

无论春播或秋播，播前土壤处理极为重要，因为立枯病及猝倒病病菌都是在出苗期活动旺盛，必须以农药抑制病原菌的生长，保证参苗顺利出土成长至茎秆老化。一般土壤处理采用撒毒土法，常用药剂为50%多菌灵或50%福美双可湿性粉剂，用量为15～20克/米^2，均匀撒于参床上，拌匀在5～8厘米的床土表层。如播种前来不及处理土壤，可在播种后结合浇水将药液浸入床内。

（2）种子处理

将西洋参种子用适乐时2.5%悬浮种衣剂包衣消毒，以抑制种子表面及浅层真菌的萌发和生长，最大限度减少种子出苗期间不受本身携带病菌及土壤中病菌的为害，经适乐时2.5%悬浮种衣剂包衣消毒的种子出苗后立枯病、根部锈腐病、黑斑病发病率大大降低，是保障一年生西洋参存苗的重要技术措施，也为后续3年西洋参园的管理及获得西洋参种植的高产打下坚实的基础。

3. 播种方法及密度

（1）播种方法

西洋参一般多采用直播，若种子不足为了节省种子或地没有整好，也可采用育苗移栽，但一般生产上不采用育苗，因直播比育苗移栽省工、省土地，又节省棚架材料，产品质量又好。而移栽的西洋参病害易加重，病疤多，降低了商品价值。播种方法分为点播、条播、撒播等。我国多用点播法，即用播种机，播种深度2.5厘米，每穴播种1粒已消过毒的种子，然后用刮板刮平床面，撒施50%多菌灵可湿性粉剂5～7克/米^2（预防立枯病和猝倒病）。条播间苗法：在作好的参床上横向开沟，沟距为10厘米、深8厘米，将参料撒入开好的沟内，每平方米需250～350粒参籽。当一床播种完毕后，需要用耙子将床面覆平。

（2）播种密度

播种密度根据直播和育亩的需要而定。可根据播种目的调节种子间距株、行距密度的播种压印器。通常直播用种量为100～150粒/米²西洋参种子，采用6厘米×12厘米、10厘米×10厘米或10厘米×12厘米等密度均可，每亩用种量5～6.5千克。育苗用种量一般为400～700粒/米²西洋参种子，采用4厘米×4厘米、5厘米×5厘米、5厘米×6厘米等，每亩用种量10～15千克。

4. 床面覆盖

床面覆盖是农田种植西洋参不可缺少的一个重要环节。可起到保温保湿，防止地温剧烈变化，使床土春秋季增温，夏季降温的作用。覆盖可防止雨水冲刷及土壤板结，减少松土除草次数，节省劳动力。覆盖可使西洋参生育期延长15～20天，根重增加20%～40%。

西洋参种子播种后立即覆盖。覆盖物可采用松树针，稻草，麦秸，树叶等材料，根据资源情况和费用情况具体确定。在山区有红松林或落叶松林，收购比较方便的地方可使用松树针覆盖。覆草厚度为压实2厘米厚，床面覆草均匀，床帮覆到床下1/3处。覆盖松树针的费用低，可就地取材，覆盖实，出苗齐，杂草少。附近无松树针，距稻田地比较近的地块可用稻草进行覆盖。稻草必须打乱草进行覆盖，稻草之间互相交织，覆草厚度为压厚2厘米，覆草均匀，不能有裸露床面的地方，稻草要护住床帮，覆到床帮上部的1/3处。春季风大的地区在稻草上沿床走向拉两道绳，每隔2.0～3.0米拉一条横绳，绳两端固定在床帮，防止大风吹跑稻草。同时，注意观察床面，及时拨开阻碍出苗的稻草，避免憋苗。

5. 播种注意事项

一是依据不同地区的气候及土壤条件，选择适宜的播种方式及方法。

二是春播宜早不宜迟，秋播宜晚不宜早。

三是必须保持良好的土壤墒情，如参床水分不足，于播前1～2天浇足底水；如水分过大，则应适当推迟播种日期，床土过干过湿均不利于出苗。

四是播前西洋参种子应用杀菌剂消杀，如用适乐时2.5%悬浮种衣剂包衣消毒，以抑制种子表面及浅层真菌的萌发和生长，最大限度减少种子出苗期间不受本身携带病菌及土壤中病菌的为害，确保一年生西洋参存苗。

五是土壤处理—种子处理—播种—覆土—覆盖—浇水，必须环环紧扣，不宜拖延，否则会影响播种质量及出苗率。

六是秋播种子裂口率应在60%以上，胚长达3.5毫米以上，春播种子裂口率须在85%以上，胚长达4毫米以上并通过生理后熟阶段，以期具有良好的发芽势。

二、移栽

西洋参为多年生宿根植物，从播种到收获需4年，一般多采用“二二制”（从种子出苗生长2年后移栽，4年出成品参），也可以采用“一三制”（出苗生长1年后移栽，再生长3年出成品参），因此要先育苗，再起苗移栽。

1. 移栽时期

西洋参的移栽期分为秋栽和春栽两种。秋季移栽一般从10月中下旬到11月土壤结冻前1个月均可进行，时间长一些。春季移栽一般在早春土壤解冻后立即进行，时间较短，如果过晚西洋参芽胞和须根易受损伤，应在芽胞未萌动前进行。

2. 起苗与选苗

起苗时由参床一端起参根，顺着参体刨开床土，尽可能深刨一些，以免损伤参根。起出的参苗不能久放，也不能大量堆积，应把起苗、选苗、种苗消毒、移栽紧密结合起来，必须做到随起随栽，堆放时间长易伤热、失水影响成活率。选苗应选参根健壮、芽胞饱满、浆足、无病虫害的参苗，按参根和芽胞大小分成3个等级，分别栽植。

种苗分级标准：Ⅰ级种苗，一年生根重≥1.61克、根长≥4.04厘米，二年生根重≥3.26克、根长≥9.64厘米，三年生根重≥10.13克、根长≥20.25厘米；Ⅱ级种苗，一年生根重为1.47～1.61克、根长为3.66～4.04厘米，二年生根重为2.97～3.26克、根长为8.76～9.64厘米，三年生根重为8.31～10.13克、根长为17.76～20.25厘米；Ⅲ级种苗，一年生根重≥1.33克、根长≥3.36厘米，二年生根重≥2.69克、根长≥8.03厘米，三年生根重≥6.61克、根长≥15.72厘米；其余为不合格种苗。

3. 种苗消毒

可用50%多菌灵300～500倍液或65%代森锰锌600倍液浸根10～30分钟，对防治根部病害有一定效果。

4. 移栽方法

可分为平栽、斜栽、直栽3种方法。生产上多采用平栽和斜栽。平栽适用于土壤通透性差的地块，方法是参苗在床土内平放，芽胞略高；斜栽适宜于土壤易干旱、通透性好的土质，方法是参苗在床土内与床面呈30°～45°，芽胞在上。移栽密度一般要求每平方米栽苗保持在50～100株，行、株距一级苗20厘米×10厘米、二级苗20厘米×8厘米、三级苗20厘米×5厘米。覆土深度根据参苗大小而定，二年生一级苗覆土5厘米、二级苗覆土4厘米，三级苗及一年生苗覆土3厘米，栽后应立即覆草10厘米，土壤干旱还要在栽前或栽后喷水浇灌。

第六节　田间管理

一、光照强度的调节

西洋参为阴生植物，喜散射光、斜射光、漫射光，忌强光直射。强光利于长根，弱光利于结籽，因此应根据生产的目的，在其生长过程中，必须搭荫棚遮阳，调整光照强度，促进健康生长，达到优质高产的目的。荫棚的透光率取决于不同地区的气候条件，气温高，光线强的地区，荫棚的透光度应小，反之则应加大。早春晚秋及一天中早晨、傍晚均可加大透光度，但高温季节及中午则应降低透光度，因此可采用加挂或取出1层遮阳网来调节透光度。目前，威海地区大田栽培西洋参多用平顶双透棚进行遮阳，遮阳材料多用苇帘、聚丙烯尼龙网，在入伏前，一年生参苗透光度为10%～20%，二至四年生的透光度为20%～30%；入伏后，一年生参苗，中午透光度以10%～15%为宜，二至四年生的透光度应控制在15%～25%。长白山地区透光度以30%～40%为宜，参棚透光强度应随季节变化控制在73～148微摩/（米^2·秒），棚下温度控制在18～25℃参根产量最高。

二、营养调控技术

1. 西洋参对土壤肥力的需求

野生于森林肥沃土壤中的西洋参具有喜肥之特性，因此对土壤有机质含量要求较高，维持西洋参健康生长的有机质含量为2%～8%，而大部分农田土的有机质含量在1%～2%，容重也高，因此农田栽参必须施用有机肥料以改善土壤的理化性状，施肥改土是西洋参农田高效栽培技术的关键。

2. 适宜使用的肥料

参田主要使用有机肥，有机肥料所能提供的不仅仅是西洋参生长所必需营养元素，尤为重要的是能维持良好的土壤理化性状，为西洋参肉质根的生长创造优良环境，这是任何化肥都无法替代的作用。参田常用的农家肥料包括鹿粪、绿肥、叶肥、猪粪、牛粪、马粪、鸡粪，豆饼肥等。一般不使用人粪尿及草木灰，因为人粪尿氮含量高，而草木灰为碱性肥料，不利于参根生长，且容易导致烧须。

有机肥必须经充分腐熟方可使用，肥料在高温发酵的腐熟过程中能杀灭大量的病原菌及虫卵等，腐熟的肥料同时具有优良的土壤改良作用。未经腐熟的肥料含有大量的病原体，对西洋参的生长将会有很大为害。肥料施入土壤后的继续发酵过程会发热并产生有害物质，造成烧苗，烧须等现象。因此，为避免类似情况的发生，可在土壤休闲年的6月施入有机肥并翻耕与土壤充分混合熟化。

使用农家肥的数量取决于土壤肥力，肥力高的土壤一般10～15米^3/亩。中等肥力土壤15～20米^3/亩，低肥力土壤30米^3/亩以上。适量施用有机肥可改善土壤理化性状，提高土壤肥力，使相当一部分农田具备种参的肥力条件。

3. 施肥方法

施肥方法分基肥和追肥两种。基肥的施用方法已经描述过，这里不再赘述。西洋参播种后在一地连续生长3～4年后，一般地力都不足，单靠施用基肥已不能保证其正常生长发育的需要，必须适时追肥。追肥的方式包括根侧追肥和根外追肥。

适用做根侧追肥的有过磷酸钙、饼肥、苏子肥等。过磷酸钙与炒熟粉碎的苏子在5月下旬至6月上旬松头遍土时开沟施入行间，培土复原，用量50克/米^{2}左右。饼肥中以豆饼肥为最佳，施用时先将豆饼放于发酵槽中，发酵7天，使其充分腐熟，每千克加水30～40千克，滤去残渣，开沟浇于行间，待肥水浸入后，培土复原，施用饼肥水量为3～4千克/米^2。也可采用以水代肥法，将肥按需要浓度溶于水中，用机器输送，直接把肥液灌到参床面的参行中间，每行扎灌9～10点，每点扎灌深度10～15厘米，将每点灌满肥液即可。西洋参三年生留种参和四年生作货参均在5月下旬出苗展叶后追一遍肥，8月下旬追施第二遍肥。

根外追肥是将肥料配成液体，均匀喷洒在叶面上，通过叶片吸收而达到施肥的目的。这种方法肥料用量少，成本低，见效快。目前生产上应用较多的是磷酸二氢钾和各种叶面复合肥及菌肥等。磷酸二氢钾在西洋参生长中后期叶面喷洒，一般喷2～3次。而叶面复合肥从叶片展开开始，一般喷5～7次。缺氮时叶面喷施2%尿素；缺磷时叶面喷施2%过磷酸钙或800～1 000倍液磷酸二氢钾；缺钾时可追施硫酸钾，也可喷施1 000倍液磷酸二氢钾；缺镁时叶面喷施800毫克/千克七水硫酸镁；缺钙时叶面可喷施2%过磷酸钙。喷洒时要求喷均喷匀。

注意事项：有机肥一定要充分腐熟，禁止使用未腐熟的肥料；基肥最好在倒土时施入，避免边作床、边施肥、边栽参的做法；施肥后要充分倒土，使肥土均匀混在一起；根侧追肥时肥料切勿伤及芽胞及接触参根。

三、水分调控技术

1. 防涝

西洋参既喜水又怕涝，如果参床长时间保持高湿状态，容易引起烂根和地上病害的大面积发生，尤其是在夏季高温多雨季节，参棚内的高温、高湿环境，容易引起多种病原菌暴发和流行，对西洋参造成严重损害，因此适时排水是生产中非常关键的管理措施。

在进入雨季前，要把田间排水沟清好；6—8月，雨季来临时应做好排水，保持垄间地头排水通畅，雨后作业道2小时内应无积水，以免雨水漫灌到参床上；当参棚内湿度过大时，打开参棚放阳、通风，使床内水分尽快蒸发。秋季封冻前，降到床面上的雪融化后渗到参床内，使参根容易受到冻害，因此在土壤封冻前应挖好排水沟、清理好作业道，降雪量较大时及时清理积雪。春季化冻后，积雪融化的水渗到参床内，水分过大使参根易感病烂芽、烂根，因此土壤解冻后及时清理排水沟，控制参床水分，减轻或避免缓阳冻的发生。

2. 防旱

4月底至5月初，容易出现干旱天气时，可以先覆盖遮阳网，待收集一定量雨水后再盖参膜；5—6月参床表层0～30厘米土壤水分低于适宜含水量时，应及时灌水，水量以渗透到根系土层为宜；9—10月可撤下参膜，收集自然降水，促进参根生长和根部物质积累。

灌溉可采用浇灌、滴灌或喷灌等方式。浇灌方法简便易行，但劳动强度大，费工、费时、费水，土壤易板结，用卸掉喷头的喷雾机代替喷壶浇灌，可提高浇灌效率。滴灌即通过管道输送水到参床，水经输水毛管及滴头缓缓渗入参根部，除滴头部位局部湿润外大部分床面不湿，灌后土壤疏松，不板结，通透性良好，节约水量。喷灌即通过输水管路及喷头，使水成雨雾状喷出，质量好，不破坏土壤结构，且能增加空气湿度，利于开花结果。灌溉宜选择在一天中的上午9时前及15时后进行，采用符合无公害种植标准的河水或深井水进行灌溉。不同土质条件下土壤最适含水量不同，腐殖土适宜含水量为40%～50%，棕壤土为20%～30%，沙质壤土为20%左右。

除灌溉措施外，使用农业措施也可在一定程度上控制土壤含水量及旱情，如刨松作业道，拦水使之渗入参床，贴床帮，包床头，防止水分散失。春秋干旱地区在土壤上冻前，应浇足冻水，以防止冬季参苗被冻干及春季发芽时土壤干旱而影响出苗率。

四、防寒技术

1. 西洋参冻害类型

（1）缓阳冻

晚秋初冬或早春气温突然降温又回升，特别是向阳风口的地方，白天化冻，夜间结冻，一冻一化，俗称“缓阳冻”，导致参床宿根层土壤多次冻融交替，使西洋参根部体内蛋白质和核酸受到破坏，损伤了细胞膜的结构，造成融冻型冻害。

（2）根际低温冻害

冬季1月，宿根层平均地温超过西洋参根受冻致死温度-20～-11℃时，参根遭受冻害，并且遭冻时间长而持久，为极限低温致死冻害。

（3）风干冻

主要发生在冬季干旱，土壤缺水条件下，参根处于干土层中，参根水分出现反渗透，进而因细胞质壁分离而死。

（4）霜冻

春季西洋参出苗期间，抗寒力降低。当夜间气温降到0℃以下，翌日清晨又天晴，幼苗遭冻后又快速解冻的一种冻害。

2. 根据地区的气候条件决定防寒措施

（1）北京、山东文登等地区

北京、山东文登等地区冬季温度较高，极冷情况少有，因此一般床面覆盖稻草10～20厘米即可，四周加防风障，也可在床面先加1～2厘米的防寒土后再上稻草10～15厘米，春季应尤其注意倒春寒，为避免或减轻倒春寒的危害，春季应在气温稳定后，参苗开始露土时再撤去部分防寒物，参床上留4～6厘米的稻草越夏，以防止雨水冲刷参床，抑制杂草的生长。

（2）东北地区

东北地区冬季极限温度低，春季温度变化剧烈，易发生严寒冻害及缓阳冻，严重时可导致冻伤甚至冻死西洋参，造成巨大的经济损失，东北地区已发生多次严重冻害的事例，应引起高度重视。东北地区西洋参防寒措施如下。

①防寒时间：二、三年生西洋参先防寒、一年生西洋参最后进行防寒，并且要分期进行，一般在茎叶接近枯萎时，第一次寒流到来之前进行防寒，床土表面封冻前分2次防寒，即10月中下旬各1次。过早防寒植株未枯萎，参根物质转化没有充分完成，降低了参根的抗寒性，过晚防寒易遭缓阳冻，且土壤结冻，作业不方便，影响防寒效果。

②防寒方法：西洋参实行“适时、分期、加厚”的防寒措施。第一次上防寒土，先清除参床上的枯枝落叶，铺少量稻草作为翌年下防寒土的标记。随后结合清理作业道和排水沟进行取土，将土倒细均匀盖在床面上，厚度为一年生苗田10厘米，其他年生苗田不低于5厘米即可；覆土厚度要均匀一致，耙细整平，床头、床帮培土，并踏实，以增强防寒效果。第二次上防寒物在覆盖的防寒土结冻前，在防寒土上再铺盖一层落叶或稻草，要均匀一致，一年生苗田5厘米以上，其他年生苗田不低于3厘米即可，摊平踏实，参床两边防寒物要用少量土压实。一年生苗田、迎风地、岗帽地、参地边串的寒冷地段，在防寒物上再铺1层防寒膜，要展平拉紧，膜两侧边沿用土封严，膜中间再用少量土压实，以防被风刮走。

③撤除防寒物：春季天气转暖，4月下旬至 5 月初，当西洋参根系下土壤化冻2厘米时，或西洋参芽胞开始萌动时，一层一层地将以上防寒物撤掉，并将防寒物移到地外，使用1%硫酸铜100倍溶液对床面和作业道进行消毒（用药量以渗入床面1～2厘米为宜），使西洋参顶药出土。在气温正常、没有缓阳冻的威胁的情况下，可尽早撤去防寒物，促进西洋参提早萌动出苗，延长生长发育时期，提高产量和质量，同时东北地区应特别注意每年5月5—20日的霜害，密切关注天气变化趋势，及时采取防御措施避免霜害。

3. 保墒

冬季保墒可防止参苗或参籽冻干，北京地区一般在秋季土壤上冻前浇足水分，盖好稻草，加防风障。冬季经常检查参床，防止稻草等覆盖物被吹走。土壤解冻时，如太干燥应适当补充水分，但不宜多浇，以防发生冻害或芽涝。东北地区秋季不太干燥，但冬春季节床面裸露常可造成春旱，因此冬季常需人工盖雪，即将作业道上的雪撮到床面上覆盖均匀，厚度以15厘米为宜，可起到防寒保墒的双重作用。

第七节　种子处理技术

一、西洋参留种

1. 摘蕾

西洋参通常二年生开始开花结果，但种子小，数量少，一般在第三年采收一次种子，第四年要作货参一般不采种，因此以收根为栽培目的时，要及时摘除花蕾。一般在6月中旬，当花序柄长出4～5厘米时掐去花蕾。摘蕾操作须在晴天进行，因为阴雨天伤口不易愈合，容易感染。方法：一手扶住参茎，另一只手由花梗中间掐去或剪掉花蕾，待伤口止住伤流后及时喷96%噁霉灵3 000～6 000倍液，以防止感染。

2. 疏花

西洋参花期较长，果实成熟不集中，并且植株间存有一定差异，导致西洋参种子发育不一致，给种子的后熟处理带来不利的影响。通过疏花疏果可以增加千粒重，提高种子产量，在三年生西洋参花序中1/3小花已开放时，用尖嘴镊子仔细摘除中央花蕾，只留外围的25～30个花蕾，可使营养集中，花期缩短，果实成熟期一致。同时摘除全部病弱植株的花蕾，保留生长健壮的植株留种，使种群得以复壮。

3. 保花保果

当西洋参开花时，调节参棚透光率，阳坡控制在10%，阴坡控制在15%，当见到表土有1厘米以上的干土时，就要进行人工补水，严防干旱。西洋参在花前期至绿果期对养分供应敏感，养分不足会引起花而不实和瘪粒，进而影响种子产量和质量，要从花前期开始，每隔20天喷施1次微量元素，共喷施3次，可以提高种子的产量，其配方为0.2%～0.3%的磷酸二氢钾+硼酸100毫克/千克+七水硫酸锌100毫克/千克。

4. 采种

东北地区西洋参种子成熟一般在8月中旬至9月下旬，山东文登等地区西洋参种子一般在7月下旬进入果熟初期，8月中旬为果熟盛期，8月下旬为果熟末期。西洋参果实自果穗外围向内依次成熟，当西洋参果实充分红熟呈鲜红色时采摘，为避免落果和鼠害造成损失，要成熟一批采收一批。采种方法：用剪刀从花梗1/3上剪断，如花序的果实未完全成熟，则应分2次采收。采种时要区别好果和病果，做到分别采收、分别处理。

5. 搓种、选种、晾晒与储藏

随采随搓洗，将参果装入搓籽机脱去果肉或装入布袋用手搓至果肉与种子完全分离时，投入清水中漂洗，漂去果肉和瘪粒，再用清水洗净，用5.0毫米的筛子淘汰小粒种子，使种子大小均匀一致。将洗净的种子捞出摊于席上，放阴凉通风处晾至种子含水量在15%以下。西洋参种子能忍耐脱水干燥，即便含水量降至1.7%时，种子生活力仍未受到影响，且种子含水量越低越有利于延长种子贮存寿命。阴干的种子应放在阴凉干燥的仓库中贮藏，经常检查防止霉烂。

二、西洋参种子裂口处理

西洋参种子成熟晚，种胚发育非常缓慢，需要经过形态后熟和生理后熟两个阶段。常规裂口处理的隔年种子，裂口率高，出苗齐，生长健壮，但也可以采用新种子，其中隔年种子多在室外处理，当年新种子一般在室内处理。

1. 隔年种子裂口处理

（1）浸种

西洋参干种子保存在通风干燥处，翌年4月底至5月初进行沙藏，将种子（袋装）置入缸中，用石块压住，然后加入清水，浸泡48小时，待种子吸足水分后捞出，阴干至种子表面水不沾手为止，即可拌种。

（2）拌种

用500倍百菌清药液，分别对西洋参种子和沙子进行喷雾消毒。消毒后的细沙与种子体积比为3：1混拌在一起，湿度一般为25%～30%，以手攥成团，扔地即散为宜。

（3）裂口处理

选择背风向阳，地势较高的地方，挖一深40～50厘米、宽

1.2米的土槽，槽底铺一层粗沙（含小石子），然后将装入袋中拌好的种子依次摆入土槽中，厚度为30～40厘米，之后覆盖一层遮阳网，上层培土15～20厘米，土槽上搭设一防雨棚，棚上盖一层遮阳网，并在槽四周挖好排水沟，防止雨水渗入槽中。前期（5月初至7月初）每15天翻袋1次，并查看水分，缺水时及时补充，后期（7月中旬至10月初）1个月翻袋1次，查看水分及胚的生长情况。随着自然地温的变化，一般在翌年9月20日左右开始裂口，到10月6日裂口能达70%以上，胚长3.3毫米左右，至10月13日裂口89.5%以上，至10月18日裂口就能达98%以上，胚长4毫米左右。这时就可以秋播了，若选择第三年春播，就将裂口种子和沙子放在不见光，不漏水的地下或窖中保管好，直至播种前1周取出，种子包衣后待播。

2. 新种子裂口处理

（1）选种

一般就选9月10日前成熟（红果）的种子，晚成熟的种子作隔年种子处理最好。

（2）赤霉素浸种

将种子用50毫克/千克赤霉素（1克赤霉素加水20千克）浸泡12～18小时，早成熟的种子浸种12小时，晚成熟的种子浸种18小时。浸种之后，将种子捞出放在50%多菌灵500倍液或65%代森锌600倍液中轻漂一下即捞出，阴干到种子表面水不沾手为止，即可拌种。

（3）拌种

用500倍百菌清药液对沙子进行喷雾消毒，消毒后的细沙与种子体积比为3：1混拌在一起，湿度一般为25%～30%，以手攥成团，扔地即散为宜。

（4）裂口处理

当种子量大时，在室内用空心砖砌长3～5米、宽2～3米、高40～50厘米长方形的处理槽，四周用塑料布围上。室内放置一台空调或房顶放置制冷排管用于制冷，处理槽上方墙壁四周围一圈电热膜用于加热，房顶或整个房间墙壁喷涂聚氨酯用于保温，空中放置温控探头用于监测室内温度，温度控制器挂在室外墙壁上用于控制室内温度，详见图4-11。

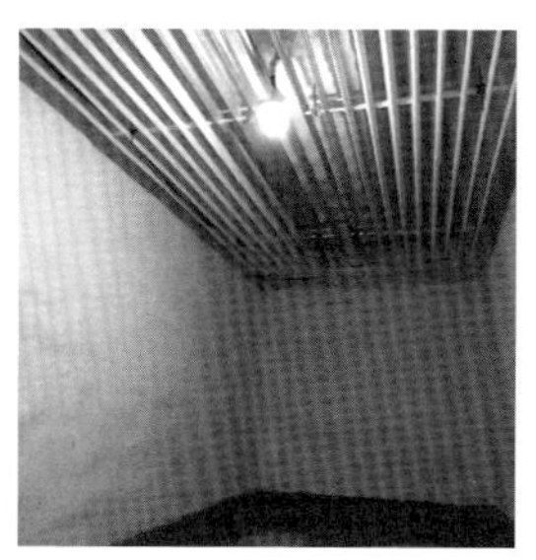
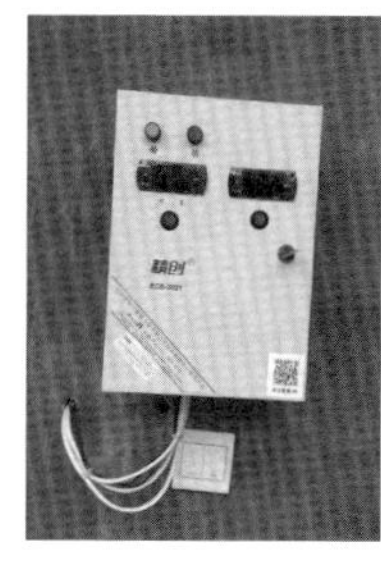
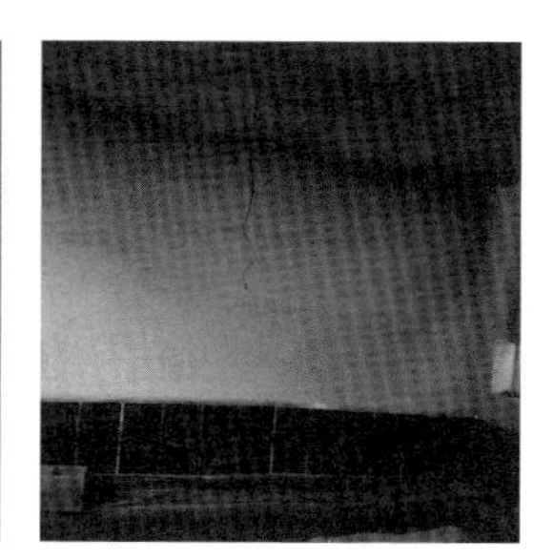

图4-11　室内布置及温度控制器

沙拌的种子放在处理槽内，用塑料布盖好，用于保湿。室内温度要按下面的阶梯式降温的要求控制，详见表4-1。西洋参种子须经过形态后熟和生理后熟才能萌发。形态后熟期包括前期、中期、后期、末期，是种子在阶梯式变温过程中胚、胚乳发生变化达到种子裂口的过程。生理后熟期是裂口种子一个低温生理后熟的过程，然后才能发芽。

表4-1　温度变化与种子的反应

时期	室内温度（℃）	时间要求（天）	胚变化	裂口情况
前期	21 ± 1	45	放大镜下小点胚，为线条形或成卵形	—
中期	17.5 ± 1	30	小点为椭圆形	—
后期	12 ± 1	30	形成胚轴、子叶，胚占胚乳1/3	裂口期
末期	10 ± 1	15	促进胚轴、子叶完善，胚占胚乳的1/2	裂口率85%以上，最高96.2%
低温期（生理后熟期）	0~5	80	胚生长能达到胚乳的4/5	通风后迅速生长

以上各时期的时间越长，越有利于裂口，并且裂口率越高；低温时间越长，出苗率越高，并且出苗集中。从开始处理到形态后熟需120天，再到生理后熟又需80天，催芽时间共需200天。而从9月10日催芽，到4月10日春播，是7个月210天，时间完全够用。末期的温度和时间要求是为了保证翌年春季出苗的必要前提，因为刚刚裂口的种子，胚发育的不够圆满，需要促进一下。前期和中期，温度高，蒸发快，每6天翻倒1次种子，要上下、左右倒翻，干了就喷水，使含水量保持在20%为宜。后期和末期，温度低，不易蒸发，每10天翻倒1次种子。若湿度大就打开塑料布蒸发一下（通风即可），使含水量保

持在15%为宜。低温期，沙拌种子含水量不要过大，要保持在10%～15%最佳。以上适用于大批量种子的裂口处理，若参户自产少量的西洋参种子，可选用小缸、小木箱、花盆等容器盛装，放于屋内，用火炕或火炉供热，只要按以上温度变化，把时间把握好，把湿度把握准，就一样能达到裂口的目的。

第五章 西洋参病虫鼠害防治

第一节 西洋参主要病害

一、非侵染性病害（生理性病害）

西洋参在生长过程中，由不适宜的非生物环境因素直接或间接引起的植物病害，称之为生理性病害。因不能传染，也称非传染性病害。非侵染性病害是由非生物因子引起的病害，如营养、水分、温度、光照和有毒物质等，阻碍植株的正常生长而出现不同病症。主要有冻害、日灼病、药害、肥害等，以下将分别论述。

1. 冻害

西洋参原产于北美，一般参根可耐受的极限温度为-19℃，因此，我国东北引种区常发生不同程度的冻害，重者损失可达80%，甚至全部毁灭。

（1）症状

西洋参冻害的主要表现为根茎和越冬芽腐烂，严重时，主根脱水软化。越冬芽受冻害后，当年不能出土萌发，若冻害程度轻，翌年可重新形成芽胞，再出土生长。

（2）发生原因

除低温引起冻害，早春和初冬由于温度变化幅度大，土壤处于交替结冻和化冻状态，极易引起参根冻害。近年来研究及生产实践又发现，暖冬造成的降雪少、积雪浅也容易产生冻害。由于气温高，导致积雪融化快，部分参地阳坡已无积雪，加之降雨造成冻层解冻，土壤水分过饱和，使西洋参根部大量吸水，细胞内水分结冻时，造成机械损伤。而气温反复升降，多次冻化交替致使植株体内蛋白质和核酸受到破坏，损伤了细胞的结构，造成融冻型冻害。

（3）防治对策

为预防冻害发生，北京、山东等地，在参床表面覆盖10厘米左右厚度的覆盖物即可，东北寒冷地区，在西洋参地上部枯萎后，清除茎叶，上防寒土与防寒物（稻草、防寒毯等），翌年春季撤防寒物时应随温度升高渐次进行，切不可一次性撤光，造成缓阳冻害。

2. 日灼病

西洋参生长在北美洲的天然森林环境条件下，需在较弱光照条件下方能正常生长。喜斜射光、散射光，忌强光和直射光，在干旱、光照强的条件下，常发生日灼病。

（1）症状

表现为叶尖和叶缘出现纸状病变，严重时，大面积发生，有时叶脉之间也有灼伤发生。

（2）发生原因

日灼病发生原因是，较强光照条件下，叶面温度过高，叶绿体遭受高温损坏，失去活性，先期叶面局部失绿，或产生深浅不一的花纹，后期叶面变形，枯黄脱落，根、茎一般不受伤害。

（3）防治对策

根据各地区的气候条件，适当调节参棚透光度。夏季光照较强时，通过加挂遮阳网来降低光照强度，高温干旱季节，可早晚在叶面喷水减轻高温干燥降低日灼病的发生概率。切不可中午温度最高时喷水。

3. 药害

西洋参生产过程中，由于盲目追求产量，过频施用农药，或农药使用不当，会引起不同程度的伤害。轻者造成叶片局部损伤，影响光合作用的正常进行，重者造成植株地上部全部受损，过早枯萎。

（1）症状

急性药害，一般在喷药后2～5天出现，表现为叶面或叶柄茎部出现烧伤斑点或条纹，叶子变黄、变形、凋萎、脱落。多因施用一些无机农药，如砷制剂、波尔多液、石灰硫黄合剂和少数有机农药如代森锌等所致。慢性药害，施药后症状并不很快出现，有的甚至1～2个月后才有表现。可影响西洋参的正常生长发育，造成茎叶不繁茂、生长缓慢，叶片逐渐变黄或脱落，叶片扭曲、畸形，着花减少，延迟结实，果实变小，籽粒不饱满或种子发芽不整齐、发芽率低等。

（2）发生原因

药液使用浓度过高；用药时间不当，如中午温度较高时喷洒药液，易造成药害；用错药或用药方法不当。

（3）防治对策

为避免药害发生，需严格掌握施药浓度，配制时一定要搅拌均匀；出苗期应尽量避免使用刺激性强的药剂，应使用多抗霉素等刺激性较弱的化学农药或生物农药；施药时间宜选在光线较弱、温度低的早晨或傍晚进行，一定避免在中午喷施药剂；为减少局部用药量过大，应避免重复大剂量用药；在生长期进行土壤药剂处理或高浓度药液浇灌床面后，需要及时用清水冲洗叶面，一旦发现有药害产生，及时处理，以清水对叶片冲洗1～2次，降低药害发生率；严禁使用过期农药，因为过期农药的有效成分含量降低，但其助剂的含量并未降低，西洋参往往对农药中的某种助剂敏感而导致药害的发生。

4. 肥害

西洋参生长期为了补充土壤中营养元素的不足，常在参床施肥或叶面喷肥，以保证西洋参的健康生长。如果肥料使用不当，易发生肥害。

（1）症状

肥害较轻者，根系发育不良，叶尖、叶缘干枯；肥害严重时，破坏根系的正常发育，产生严重烧须现象或根毛发育受阻，造成茎叶停止生长，干枯死亡，严重减产。

（2）发生原因

产生肥害的主要原因是过量施用未经充分腐熟的农家

肥、饼肥等；施用化肥的量过大或浓度过高；施肥方法不当，肥料固体形态粗细不均匀，或呈团块状；将高浓度的肥料直接施于根系，叶面喷施高浓度肥料。

（3）防治对策

必须施用充分腐熟的有机肥，施用均匀，与土壤混合均匀，避免肥料与参须大面积接触，叶面喷施浓度和用量不宜过大，肥液配制应均匀，严禁高温时喷施叶面肥。

二、侵染性病害

为害西洋参的主要病害有20余种，其中立枯病、猝倒病、黑斑病、湿腐病、灰霉病、锈腐病、根腐病、菌核病、炭疽病等为害最为严重。各种病害大多是真菌侵染，而且各种病原菌孢子附着在病株残体上及在土壤中越冬存活，成为翌年的初侵染来源。下面将分别论述。

1. 立枯病

（1）症状

立枯病可侵染已出土参苗茎部、根部，未出土幼苗及种子。发病部位在茎部时初现浅黄褐色的病斑，后呈黄褐色凹陷长斑，严重时茎基部腐烂或缢缩呈黑褐色环状坏死斑，参苗倒伏死亡。发病部位在根部时，须根生长受阻，水分运输被破坏，失水症状首先表现在叶部，叶片萎蔫，绕茎下垂，继而茎部失水变软向床面弯曲倒下。种子受侵染时造成种子腐烂变软不能萌发。未出土的幼苗受到侵染时会失去出土能力而死于土壤之中。

（2）发生原因

导致西洋参立枯病的病原菌为丝核菌（*Rhizoctonia* sp.）和镰孢菌（*Fusarium* sp.）。立枯病可侵染西洋参种子，未出土的幼苗及出土幼苗的根和茎。

立枯病是西洋参一年生苗期主要病害，一般在低温高湿条件下易发生。发病温度范围较小，一般土壤温度8℃开始发病，土温在12～16℃易发病，高于16℃病情减缓并逐渐停止侵染。在适宜温度条件，土壤湿度达到35%以上、土壤黏重、表土板结、排水不良、通风不畅的低洼地发病较为严重。发病原因有两点：其一，立枯病病原菌侵染的温度范围狭窄，其二，西洋参茎组织木栓化，不利于病菌的侵入。因此，早春连续低温，土壤干湿交替频繁，出苗缓慢时立枯病为害严重。而早春温度高参苗出土快则发病轻。

（3）防治对策

①农业防治：选择育苗田要选地势高，背风向阳，地下水位低，通气性强的地块。选用无病地块作参床，增施磷、钾肥。早春及时松土上膜，以提高地温降低土壤湿度，严防参棚漏雨，及时挖好排水沟，严防雨水漫灌参床。选择疏松、富含有机质的壤土或沙壤土作为参地用土，并要用隔年熟化土；播种时采用4厘米×5厘米点播的播种方式培育壮苗，提高抗病性；移栽时选择健壮、无病种苗。西洋参立枯病的发生程度与播种密度及参苗长势密切相关。如果撒播播种密度过大，播量达1 000粒/米^{2}左右，由于苗期植株密度过高，通风不良，造成幼苗徒长，从而降低了植株的抗性，病害加重，发病率

13%～21.7%，保苗率58.3%。若采用4厘米×5厘米点播，播种量500粒/米^2，可扩大个体的营养面积和改善通风透光条件，使植株生长健壮，发病率降至8.2%～14.5%，保苗率提高至74.8%。

②化学防治：种子消毒用适乐时悬浮种衣剂包衣消毒，杀死种子携带病菌，可用2.5%适乐时悬浮种衣剂5～20倍液拌西洋参种子、50～100倍液蘸西洋参种苗。土壤消毒播种前，用96%噁霉灵0.5～1克/米^{2}加多菌灵8克/米^{2}处理土壤。床面消毒，参苗早春出土前，可用96%噁霉灵300倍液，或噁霉灵300倍液与72%农用链霉素100倍液混用，或用96%噁霉灵300倍液与米达乐300倍液喷洒床面，使药液均匀渗入2～5厘米土层。灌根用96%噁霉灵300倍液浇灌，使药液渗入床土5厘米，可迅速控制病害的蔓延。

2. 猝倒病

（1）症状

猝倒病发病初期西洋参幼茎犹如开水烫过，出现水浸状暗色病斑，自土表处收缩变软，最后使植株猝倒死亡，死亡植株的茎和叶都发生腐烂，在坏死组织表面和它周围的土壤上出现一层灰白色的霉状物。

（2）发生原因

猝倒病由腐霉菌（*Pythium* sp.）或疫霉菌（*Phytophthora* sp.）侵染所致。腐霉菌或疫霉菌均以厚壁的卵孢子在土中越冬，存活1年以上，在条件适宜时，卵孢子或孢子囊从幼苗的茎基部侵染西洋参发病，病菌通过风雨和流水传播。腐霉菌侵染的最适温度为15～16℃，疫霉菌为16～20℃。在低温、高湿、土壤通气不良，苗床植株过密的情况下，不利于西洋参的生长发育，其抗病力减弱，但有利于病菌的生长繁殖，往往造成病害的大发生，尤其以漏雨参床和湿度大的地块最严重，其发病规律基本与立枯病相似。

（3）防治对策

①农业防治：加强田间管理，要求参床排水良好，通风透气，土壤疏松，避免湿度过高，发现病株立即拔除，病区可用0.2%硫酸铜溶液灌溉土壤进行消毒处理。

②化学防治：参照立枯病防治方法。

3. 黑斑病

西洋参黑斑病是西洋参生产上发生最普遍，为害最严重的病害之一，发病率为20%～30%，严重时可达100%。西洋参黑斑病主要为害叶片、茎和果实，也可为害参根。

（1）症状

茎病斑呈长椭圆形，中部凹陷，严重时倒折。叶片受害后初为黄褐色斑点，扩大后为黄褐至黑褐色、至黑色1～2厘米的近圆形或不规则形大斑；果实受害表面产生褐色斑点，逐渐干瘪成“吊干籽”；花梗、花序受害，病斑深褐色，上下扩展，呈长椭圆形，严重时黑色干腐。黑斑病可造成西洋参早期落叶、植株提前枯萎、不能结实及参根减产等症状。

（2）发生原因

西洋参黑斑病是由西洋参链格孢属（*Alternaria* sp.）侵染所致，为半知菌类交链孢属真菌。病菌主要以菌丝体和分生孢子在土壤中的病残体及种子表面越冬，成为翌年发病的初侵染源。当土壤温度稳定在10℃以上、含水量在25%左右时，土壤中和茎叶残体上的病菌分生孢子大量活动，萌发侵染西洋参的根、芽胞和幼茎，尤其是即将出土的幼茎。出苗期受冻害的幼茎易于受分生孢子的侵染。分生孢子借风、雨等传播，可从寄主气孔或表皮直接侵入，并可进行多次再侵染，向周围植株传染蔓延。

西洋参为多年生宿根植物，一二年生发病轻，三四年生发病重，而且容易造成多次侵染，原因是病菌基数逐年增加，且植株大，叶部接触面多，通风差。黑斑病的发生发展与气象因素存在密切关系，患病植株遇潮湿天气即可产生大量孢子，孢子易萌发后再侵染。因此，多雨春季，黑斑病易大发生；而干旱春季，黑斑病的发病高峰也就来得迟，夏季阴雨天发病相当严重。

（3）防治对策

①农业防治：消除或减少菌源，由于黑斑病菌以菌丝体、孢子在植株病残体上存活。因此，秋季彻底消除或烧掉参床上的病株和枯枝落叶，并在上防寒土前喷洒农药进行预防。合理密植、参棚透光率均匀适宜、防止参棚漏雨、注意参床土壤的排水等。

②化学防治：种子、种苗是新参园的初侵染源，因此用咪唑霉、代森锰锌、多抗霉素等做好种子、种苗的消毒工作。西洋参出苗展叶期是茎斑的高发期，出苗期用多抗霉素可湿性粉剂300倍喷施2～3次，每次间隔不超过5天，可有效预防黑斑病

的发生。此时期一定要蹲着观察参床，仔细观看参茎，发现茎斑植株立即拔出带出参园深埋或烧毁。施用10%苯醚甲环唑水分散粒，用药浓度为1 000倍液，每隔10～15天，连喷2～3次，可达到良好的预防与治疗作用。施药时一定要使茎秆、叶片正反面都均匀沾满药液，在开花初期喷施阿米西达1 500倍液，对防治西洋参的黑斑病、湿腐病及灰霉病均能起到较好的效果。

4. 湿腐病

西洋参湿腐病又称疫病，在参区分布广泛，是西洋参成株期的最严重的病害之一。该病可为害参叶、茎及根部。

（1）症状

在地上部表现的明显症状是植株萎蔫，在叶片上病斑初呈水浸状暗绿色大斑，如同热开水烫过一样，病斑扩展迅速到整个叶片，使全部复叶萎蔫下垂，参农称为“耷拉手巾”。侵染根部多从茎秆部下渗或扩展形成，很快呈水浸状褐色湿腐，内部组织呈黄褐色花纹，根皮易剥离，并附有白色菌丝黏着的土块。挖出参根为棕灰色的橡胶状，根皮易脱落，散发出刺鼻的气味，根部变软，处于侵染后期的病根中能挤出液体。严重患病的参根会迅速烂掉，从而造成减产，而到收获时处于侵染前期的参根，在加工过程中会变为灰黑色。

（2）发生原因

西洋参湿腐病是由疫霉菌（*Phytophthora* sp.）侵染所致，为鞭门菌亚门疫霉属真菌。病菌以菌丝体和卵孢子在病残体和土壤中越冬。越冬后病菌可直接侵害植株，翌年条件适宜时菌丝可直接侵染参根，或形成大量游动孢子传播到地上部侵染茎叶，接触传播是参床土壤中西洋参湿腐病扩展蔓延的主要方式，病菌通过风雨和农事操作传播，并在田间扩大蔓延。该病在西洋参生育期内可进行多次再侵染，特别是阴雨高湿、密度过大、通风透光差、土壤板结、氮肥过多条件，均有利于湿腐病的发生和流行，严重时发病率可达70%以上，可造成参苗大面积受害死亡。

疫霉菌以卵孢子在参床土壤中越冬，或者以菌丝体在病残株上越冬。成为翌年初侵染来源；卵孢子在土壤中存活1年以上，仍不丧失其发芽能力。游动孢子可以侵染参根和叶片，它是西洋参疫霉菌再侵染的主要繁殖体。因此西洋参整个生长期均可发病。该病菌寄主范围广，但寄生性程度较低，可引起参根和许多植物器官的坏死、腐烂。由于这种菌可侵染许多阔叶树和针叶树的树苗，如松树，山毛榉、冷杉、洋槐、榆树、楤木、刺五加、苹果、梨等，所以在林区栽种西洋参，病菌可能从上述植株借风雨传播到西洋参植株上。

（3）防治对策

①农业防治：选择通透性良好的沙壤土或壤土，施用经充分腐熟的有机肥，改善土壤理化性质，增加土壤生物活性，翻耕熟化，避免黏重板结及排水不良的土壤，及时排出过量雨水，保持参棚良好的通风状况，力争降低空气湿度，保持叶面干爽。田间参苗种植密度不可太大。

②化学防治：参苗出土前以瑞毒霉等内吸性杀菌剂撒于床面，对于预防根湿腐病的发生效果显著，以后每隔1个月撒1次，直至8月底，一般每次用量为1.5～2.0千克/亩。改变田间

发现病株时再采取防治措施的传统方法，以预防为主，在西洋参病害防治中效果很好。最有效的预防措施是定期喷洒金雷多米尔600倍液。田间一旦发现零星病株应将病株及参根一并挖出烧毁，以1%硫酸铜或高锰酸钾溶液消毒病穴及其周围土壤，以控制菌源外延，如侵染已成片，则应将病区内病株及其周围30厘米范围内的健康植株一并拔除，集中处理。除金雷多米尔，生产上行之有效的几种杀菌剂为40%乙膦铝300～400倍液、25%瑞毒霉300倍液、64%噁霜·锰锌400～500倍液，它们对于根湿腐病及茎叶湿腐病均有良好的防治效果。

5. 灰霉病

近年来灰霉病已成为西洋参种植园最严重的病害之一，给西洋参生产造成了巨大经济损失。西洋参灰霉病主要为害西洋参的叶片、叶柄、花和果实，严重发生时也可为害茎及根部。

（1）症状

叶片发病多为灰褐色，多从叶尖或叶缘开始侵染，呈倒“V”形，病斑较大，茎部病斑褐色，后扩展使茎叶萎缩枯死，并密生灰色霉层。

（2）发生原因

西洋参灰霉病是由葡萄孢属灰葡萄孢（*Botrytis cinerea*）侵染所致。为半知菌类葡萄孢属真菌。病菌主要以菌丝体在病残体和土壤中越冬，翌年病菌孢子或菌丝萌发，形成大量分生孢子，可直接侵染幼茎，但多经伤口侵染。掐花等农事操作及风雨淋溅是病害传播的主要途径，在西洋参生育期内，可发生多次再侵染，并迅速蔓延。室内试验结果表明，病原菌生长的最适温度为23～25℃，低于18℃或高于32℃都不利于病原菌的生长。病原菌的分生孢子在相对湿度90%以上才能较好地萌发，在水滴中分生孢子萌发最好。另外，参园通风差，参苗密度大，土壤板结等也有助于病害的发生和流行。由于灰霉病菌可以随病株残体或直接在土壤中越冬而逐年积累，因此重茬地发病重，新开的种植地发病轻或不发病。

（3）防治对策

①农业防治：由于灰霉病可以随病株残体或直接在土壤中越冬而成为翌年病害发生的初侵染源，因此，秋季应搞好田园卫生，病株及其残体移到地外烧毁。在栽培管理过程中除合理密植外，要增施磷、钾肥，并盖好荫棚，防止植株暴晒，以提高植株的抗病力，减轻病害的发生。病原菌在土壤中逐年积累是病害加重的原因之一，连作年限越长发病越重。因此，与玉米、马铃薯等作物轮作或选用新地种植，都可减轻病害的发生。

②化学防治：一旦发现病株先收集或剪除病残体、病叶，集中销毁，防止进一步扩散，迅速喷施杀菌剂。在发病初期用禾瑞（50%水分散粒剂）1 000倍喷施可有效控制病情，预防和治疗效果均佳，是预防和治疗西洋参灰霉病的特效杀菌剂。金雷500倍喷施也可有效预防灰霉病菌的侵染。

6. 白粉病

西洋参白粉病（*Oidium* sp.）是近几年影响西洋参种子产量的主要病害之一，多发生在花期和果期，常年发病率在5%～10%，西洋参种子减产20%～50%，为害程度严重的造成西洋参种子的绝收。如果防治不及时，常造成西洋参白粉病的流行，致使西洋参不能正常开花结果，严重地影响了西洋参种子的产量和质量。

（1）症状

病菌侵染的部位主要为果实，次为嫩茎和叶片。果面布满白色粉状物，即分生孢子和分生孢子梗。此时果实已变白色，发育不良，重病果不能结实。后期在果实的病斑上散生或聚生黑色的点状物，即病菌的有性世代子囊果。嫩茎和叶片上的症状与果实相似，不同之处在于后期嫩茎上呈现不规则的淡色斑，而病叶变褐枯死。染病绿果初期褪绿变黄，不出现明显的病斑。以后在果实表面生出白粉状霉状物，后期老熟变为灰白色，霉层中间杂生出黑色粒状物。

（2）发生原因

病原菌以闭囊壳随病株残体遗留在田间越冬。翌年条件适宜时释放子囊孢子或菌丝上产生分生孢子，萌发自表皮直接侵入。孢子借气流和雨水传播，在田间可多次再侵染。一般雨量偏少时，既有较高的温度又有一定的湿度时，白粉病会大发生；温度20～24℃时，最有利于白粉病的发生和流行。湿度大、温度高，有利于孢子大量繁殖，常发病严重。栽培管理粗放、灌水过多、排水不良、湿度增大以及偏施氮肥等，植株徒长，组织柔嫩，有利于病害发生。

（3）防治对策

①农业防治：注意参棚通风、透光，雨后及时排水。发现病花、果及时清除出田间后，喷施有效药剂。对已经产生白粉

的病花、果在摘除时，不要使白粉散落健康植株上，以免引起再侵染。

②化学防治：在开花前2～3天喷施多倍保1 200倍液与花宝600倍液混合喷施，有促生长、壮花蕾、预防病害之功效。在绿果初期（“拉扁”）喷施多倍保1 200倍液与果王600倍液混合喷施，有促生长、座壮果、防治病害之功效。

7. 锈腐病

西洋参锈腐病是最普遍、为害最大的西洋参根部病害之一，可为害各龄参根，是连作的主要障碍，在吉林省参区发病率一般为20%～30%，个别严重地块可达70%以上。锈腐病为害西洋参参根，不仅减产而且降低西洋参的商品价值，给参业生产带来很大的经济损失，从春季到秋季，只要条件适宜即行侵染，是西洋参种植业发展的主要障碍之一。

（1）症状

参根病部初呈黄褐色小点，逐渐扩大为近圆形或不规则形的锈褐色病斑，病斑边缘部隆起、中部略微凹陷，病健交界明显，轻病参根，表皮完好，仅表皮下几层细胞受害，不深入根肉内部；受害严重者，表皮破坏呈锈斑状，且深入根肉组织褐色病变，病斑处积聚大量锈粉状物，呈干腐状或主根横向烂掉。越冬幼芽受害后，呈现红褐色小斑，逐渐扩大至内部，使其不能出土在地下腐烂死亡，造成严重缺苗。

（2）发生原因

西洋参锈腐病是由柱孢菌（*Cylindrocarpon* sp.）侵染所致，为半知菌类柱孢属真菌。该菌寄主广泛，属弱寄生菌，主要以菌丝体和厚垣孢子在宿根及土壤中越冬，可存活4～5年。病菌主要从伤口或直接穿透表皮侵入，厚壁孢子在正常温度下可存活3～4年，菌丝体在水淹条件72小时以上才失去其生长能力。一至五年生参根内部普遍带有潜伏侵染的锈腐病菌，带菌率随参龄的增长而提高，当参根生长衰弱、抗病力下降、土壤温湿度有利发病时，潜伏病菌就会侵染致病。该病从早春参苗出土至枯萎或休眠期均有不同程度感染或发病，土壤黏重、板结、积水、酸性土及土壤肥力不足等，会使参根生长不良，有利锈腐病发生。腐殖质黑土有利于发病。参根发生烧须或其他损伤，易诱发病害。

（3）防治对策

①农业防治：选择地势高，通透性良好的土壤，并休闲一年，使土壤充分熟化，增加土壤有益微生物群落数量。发现病株及时挖除，并以石灰水消毒病区土壤，也可用200～300倍多菌灵，甲基托布津等浇灌病区，可在一定范围内抑制病菌的蔓延。

②化学防治：种苗消毒。精选无病无伤参苗，并用多抗霉素200毫克/千克浸蘸参根或适乐时50～100倍液蘸根后移植降低锈腐病发病率。土壤消毒移栽前用噁霉灵0.5克/米^{2}多菌灵8克/米^{2}处理土壤；或于翌年早春出土前，用噁霉灵300倍液与农用链霉素1 000倍液混用（可兼治细菌性烂根）或噁霉灵300倍液与米达乐300倍液（可兼治根部湿腐病的发生）或K-波尔多100倍液喷洒床面，借雨水使药液均匀渗入土层。均可降低病菌繁殖能力。

8. 根腐病

西洋参根腐病也是西洋参较严重的重要病害，主要发生在7—8月高温多雨季节，参床洼水，湿度过大，雨季排水不良等发病重。常造成参根腐烂、参苗成片死亡。一般为害三年生以上参根，严重影响西洋参产量和质量。

（1）症状

主要为害幼苗根部和根茎部（地表以下茎部），腐烂的参根呈黑褐色湿腐状，后期糟朽状，仅存中空的根皮。被害参苗地上部初期无明显症状，中后期叶片褪绿变黄，最后萎蔫死亡。

（2）发生原因

西洋参根腐病菌是由镰孢菌（*Fusarium* sp.）侵染所致，为半知菌类镰孢菌属真菌。病菌主要以菌丝体和厚垣孢子在土壤中越冬，可存活3年以上，通过雨水、流水以及带菌堆肥传播蔓延。镰孢菌主要从伤口侵入并在侵入后在病部繁殖产生新的病菌，继续进行再侵染，扩大为害。病菌喜于高温高湿；生长发育适宜温度为29～32℃。

（3）防治对策

①农业防治：进行土壤调理，可通过接入有益菌或使用生物有机肥等拮抗性物质，抑制病菌繁殖；在每年早春结合施肥接入有益菌，如地恩地、益微、EM菌等。注意防旱、排涝保持稳定的土壤湿度；及时挖好排水沟，严防雨水漫灌参床；及时松土、除草，减少土壤板结以利于降湿和提高地温；高温多雨季节注意排水和通风、降低土壤温、湿度。一旦发现病

区，挖除病株并用有效药剂浇灌隔离，控制蔓延。

②化学防治：一是土壤消毒。播种、移栽前，用噁霉灵0.5～1克/米^2+多菌灵8克/米^{2}处理土壤；或于翌年早春出土前，用噁霉灵300倍液与农用链霉素100倍液混用（可兼治细菌性烂根）或噁霉灵300倍液与米达乐300倍液（可兼治根部湿腐病的发生）喷洒床面，借雨水使药液均匀渗入土层。二是种苗消毒。通过适乐时种苗包衣消毒技术，消灭种苗带菌。播种前用适乐时5～20倍液拌籽、移栽前用适乐时50～100倍液蘸种苗后沥干进行播种、移栽。注意初春、晚秋移栽时带有药液的种苗易发生冻害。三是病区处理。发现病株及时挖除，并对病区进行药液浇灌隔离。可采用适乐时500倍液，或用多倍保750倍液，或用96%噁霉灵300倍液与农用链霉素1 000倍液混用（可兼控制细菌性烂根）、或用96%噁霉灵300倍液（可兼控制根部湿腐病的蔓延）。

9. 菌核病

西洋参菌核病是由核盘菌（*Selerotinia* sp.）侵染所致，主要侵染3年以上的参根，幼苗很少受害。该病发生虽不普遍，但传染发病后损失很严重。

（1）症状

菌核病只感染地下部，不侵染地上部。根部染病后内部变软腐烂，外部最初生长少量白色绒状菌丝体、以后形成不规则黑色鼠粪类菌核。后期内部组织腐烂消失，只剩下外皮，使地上植株萎蔫。该病蔓延快且早期不易发现。

（2）发生原因

为害西洋参的菌核病在美国原产地有2种，即白腐病菌和黑腐病菌。目前我国引种栽培西洋参在发现有菌核病，病原菌为核盘菌（*Selerotinia* sp.）。

（3）防治对策

①农业防治：作高床，防治冷凉和积水，早春注意松土，利于提高地温。

②化学防治：发病初期，用40%菌核净或50%扑海因1 000倍灌根，有较好的防治效果。发现病株及时拔除，然后用K-波尔多100倍液消毒病穴；病穴周围用黑灰净500倍液灌根；移栽前用上述药剂处理土壤可起到防病作用。该病为低温病害，发病早，难以及时发现，在土壤温度达到2℃时（即在早春土壤开始化冻）即可发病，地上部表现症状时，地下参根已腐烂。在早春和晚秋条件适宜时均可发病。所以对菌核病的防治应以预防为主、隔离控制。

10. 炭疽病

（1）症状

主要为害叶片、茎秆和果实。分为急性型、慢性型、茎基型和混合型4种。急性型表现为叶片及叶柄呈水浸状暗绿色，如开水烫过，后病部变为黑绿色，软化下垂，植株萎蔫，而茎秆直立。慢性型表现为叶上病斑两面生，圆形或近圆形，直径2～6毫米，病斑中央黄白色，边缘深褐色，病部薄脆，干燥时易破裂穿孔，后期病部长出许多黑色小点，为病菌的分生孢子盘，茎上病斑长圆形，中央淡褐色，边缘深褐色，天气潮湿时病部易腐烂。茎基型表现为茎秆基部有大的深褐色病斑，中部略凹陷或环状略凹陷，上部叶片因营养运输受阻发黄，后萎蔫半倒伏或倒伏干枯。混合型为慢性型和茎基型或急性型和茎基型在同一植株上均有表现。

（2）发生原因

病原菌为炭疽菌（*Colletotrichum panacicola*）属半知菌亚门炭疽菌属真菌。病菌以分生孢子盘和菌丝体在病株残体上越冬，或以分生孢子附着在种子上越冬。翌年4月条件适宜时，分生孢子借风雨传播引起初侵染。生长季可发生多次再侵染，高温、干旱、强日照、高湿均有利于病害发生。一二年生参苗发病重于三四年生参苗。连作地参苗发病重于轮作地参苗，强光照地参苗发病重于弱光照地参苗。7—8月为该病盛发期。

（3）防治对策

①农业防治：选地选茬。避免选用地势低洼、积水、不易排水的地块或黏重土壤、沙土、盐碱土作苗床。选用种植粮食作物1～2年的肥沃土地作苗床，以豆类作物、禾本科作物作前茬为好，不宜选用烟草、马铃薯、茄子、辣椒、白菜、萝卜等作前茬；栽培管理。于4月上中旬出苗前搭好遮阳网，避免强光直射和春旱。适时追肥，提高抗病力，植株倒苗后，清除地上部茎叶并集中烧掉，减少初始菌源。

②化学防治：发病期选用75%百菌清可湿性粉剂600倍液，或用50%代森锰锌可湿性粉剂500倍液，或用70%甲基硫菌灵可湿性粉剂600～800倍液均匀喷雾，10天1次，每次雨后需补喷，连喷3次以上可控制该病蔓延。

第二节　西洋参主要虫害

西洋参害虫可分为地上部分害虫和地下部分害虫两大类。为害地上部分的害虫主要取食叶片、茎、种子等，如跳甲、草地螟、土蝗、卷叶虫、蛞类等。地上部分害虫为害不是很大，但在近几年为害程度也有不断严重之势。为害地下部分的主要害虫有金针虫、蝼蛄、蛴螬、地老虎等。它们不仅给茎和参根造成伤口、隧道，降低西洋参的品质，且可因为伤口引起病害发生，造成参根腐烂，严重影响产量。害虫的分布及猖獗程度，很大程度上受环境、气候条件等诸多生态因子的影响。如吉林省珲春市的金针虫就比抚松县猖獗，而有些地块几乎没有金针虫。土壤条件、栽培方法、植被种类不同的参田也直接影响害虫的区系变化。如伐林地，各种害虫就比较少；施用鹿粪等农家肥或饼肥，则蝼蛄、蛴螬发生严重；农田地、撂荒地和二茬土金针虫较严重；针叶林土中的金针虫比混交林土多。因此对西洋参害虫的防治要因地制宜，必须根据各地的不同特点、不同类型采取不同的措施，才能做到有效地防治。

虫害的农业防治方法如下。一是清洁田园，铲除菜地及地边、田埂和路边的杂草；实行秋耕冬灌、春耕耙地、结合整地人工铲埂等，可杀灭虫卵、幼虫和蛹。二是种植诱集植物，在华北地区利用小黄地老虎喜产卵在芝麻幼苗上的习性，种植芝麻诱集产卵植物带，引诱成虫产卵，在卵孵化初期铲除并携出田外集中销毁。

一、地上部害虫

1. 草地螟

草地螟又叫黄绿条虫，属鳞翅目，螟蛾科。主要以4龄以上幼虫为害西洋参叶。被害后，轻则叶片被咬成孔洞或缺刻，严重时，叶柄被咬断，叶片脱落。幼虫有时还取食叶柄及参茎交接处的软组织和茎的表皮。

化学防治：幼虫是从邻近的杂草地迁移而来，防治时要清除参地附近的杂草，幼虫一旦进入参地，要及时进行叶面喷药，如48%新一佳750～1 000倍液或2.5%氯氟氰菊酯1 000～1 500倍液。

2. 土蝗

土蝗又叫土蚂蚱，常见的有笨蝗、短星翅蝗、黑背蝗、尖翅蝗。属蝗虫的一类，形状略似飞蝗，分布地区很广，多生活在山区坡地以及平原低洼地区的高岗、堤田埂、地头等处。为害：咬食西洋参叶片和茎。

化学防治：虫害发生时，喷施2.5%氯氟氰菊酯1 000～1 500倍液；或用1%苦参乳油4 000倍液，防治效果较好。

3. 柳沫蝉

柳沫蝉又名吹泡虫、泡泡虫、唾沫虫，是同翅目、沫蝉科。成虫体长7.6～10毫米，体宽2.7～3.2毫米，全体黄褐色，头顶呈倒“V”形，复眼椭圆形、黑褐色，单眼淡红色，前胸背板两侧有赤褐色斑，前翅革质，黄褐色。卵，1.7毫米，呈长卵圆形，初产时乳白色，后变为淡黄褐色。若虫，1龄若虫胸部黑色，头顶圆突，腹部淡红色；5龄若虫褐色或黄褐色。幼虫体态柔软，腹部能分泌胶液、形成泡沫，靠一种注射针似的器官刺扎柳树嫩皮吸吮树液，主要靠吃柳树上的嫩枝、嫩叶生存，有时也为害西洋参。主要分布于宁夏、青海、甘肃、陕西、山西、河北、黑龙江等地。为害柳树、刺槐、新疆杨等。4月下旬至5月中旬初孵若虫在柳树新梢基部、西洋参叶柄基部或花序上取食，同时，腹部不断地排出泡沫，将虫体覆盖，尾部还不时翘起，露在泡沫外。被害枝条或西洋参上不时有水滴下滴。

化学防治：秋末至春初剪除着卵枯枝烧毁，降低虫口基数；可在虫害发生时，喷洒48%新一佳750～1 000倍液或2.5%氯氟氰菊酯1 000～1 500倍液；在若虫为害期（5月末），喷布1%爱诺虫清3 000倍液、3%高渗苯氧威乳2 500倍液或1%苦参乳油4 000倍液，防治效果较好。

4. 白小食心虫

白小食心虫又名桃白小卷蛾、苹果白蛀蛾。属鳞翅目，小卷叶蛾科。国外分布于日本、朝鲜和俄罗斯。国内分布较广，东北、华北、华东、华中和西南都有发生。成虫体长7～8毫米，全体灰白色，唇须向下前伸、黑褐色，前翅灰白色，前缘有8组白色构状纹，翅面上有灰黑色“S”状纹2条，近外缘部分暗褐色，外缘角处具暗紫色大斑纹，后翅灰褐色。卵椭圆形，扁平，表面具细皱纹。刚产卵乳白色，渐变淡红色。末龄幼虫体长10～12毫米，头、前胸背板及臀板均黑色，胸、腹部红褐或紫褐色，臀节褐色，具6～7根节齿。蛹长8毫米，全体黄褐色，腹部3～7节背面各节上有2排短刺，臀栉具8根钩状臀棘。白小食心虫是果树上的主要害虫，偶尔也钻蛀西洋参植株，由茎顶蛀入，造成整株西洋参死亡。6月中旬在吉林省抚松县松江河地区和沿江乡参地发现此虫为害西洋参。

化学防治：可在虫害发生时，喷洒48%新一佳750～1 000倍液或2.5%氯氟氰菊酯1 000～1 500倍。成虫发生盛期喷布50%杀螟硫磷（杀螟松）乳油均1 000倍液、20%氰戊西洋参酯（杀灭西洋参酯）乳油3 000倍液1～2次。

二、地下部害虫

1. 金针虫

（1）形态特征与生活史

金针虫又称姜虫、铁丝虫、金齿耙、黄蚰蜒、银针虫等。中国的主要种类有沟金针虫、细胸金针虫、褐纹金针虫、宽背金针虫、兴安金针虫、暗褐金针虫等。属于鞘翅目，叩甲科。成虫又叫叩头虫。一般颜色较暗，体形细长或扁平，具有梳状或锯齿状触角。胸部下侧有一个爪，受压时可伸入胸腔。当叩头虫仰卧，若突然敲击爪，叩头虫即会弹起，向后跳跃。头部能上下活动似叩头状，故俗称“叩头虫”。幼虫圆筒形，体表坚硬，蜡黄色或褐色，末端有两对附肢，体长13～20毫米，金黄或茶褐色，并有光泽，故名“金针虫”。金针虫是西洋参栽培中最可怕的害虫，土壤解冻后便开始活动，主要以幼虫为害西洋参地下部分根茎，一般从参根到地表10厘米处，绝大多数在5～8厘米处为害。一二年生参苗被害时，幼茎仅剩纤维和表皮部分，被食成丝状，造成幼苗倒伏或将地上部的茎叶拉至地表，上部茎叶逐渐萎蔫死亡。二年生以上西洋参由于植株高大，参根较粗壮，对金针虫的耐害性较强。为害时，多数金针虫蛀入西洋参茎中取食。西洋参受害后，停止生长，品质变劣，产量下降；重者细菌从伤口侵染，致使参根全部腐烂。

（2）防治对策

在栽参或春季搂池子的时候，将杀虫剂喷洒在池面上，药剂可选金针绝杀（180毫升）1瓶或新一佳（100毫升）2瓶兑水至喷雾器内（15千克），施250米。也可用辛毒杀（800克）1袋与土混合后施用100～200米。春季结合松土及追肥，进行沟施。可用1袋与土混合后施100～200米，或用48%新一佳（100毫升）1瓶与土混合后施250米。也可用25%金针绝杀1瓶与土混合后施250米。土壤处理，可用48%地蛆灵乳油200毫升/亩，拌细土10千克撒在种植沟内，也可将农药与农家肥拌匀施入。生长期发生沟金针虫，可在苗间挖小穴，将颗粒剂或毒土点入穴中立即覆盖，土壤干时也可将48%地蛆灵乳油2 000倍，开沟或挖穴点浇。药剂拌种用50%辛硫磷、48%氯吡硫磷或48%天达毒死蜱、48%地蛆灵拌种，比例为药剂：水：种子=1：（30～40）：（400～500）。施用毒土用48%地蛆灵乳油每亩200～250克，50%辛硫磷乳油每亩200～250克，加水10倍，喷于25～30千克细土上拌匀成毒土，顺垄条施，随即浅锄；用5%甲基毒死蜱颗粒剂每亩2～3千克拌细土25～30千克成毒土，或用5%甲基毒死蜱颗粒剂、5%辛硫磷颗粒剂每亩2.5～3

千克处理土壤。深耕土壤：种植前要深耕多耙，收获后及时深翻，夏季翻耕暴晒。

2. 蛴螬

（1）形态特征与生活史

蛴螬是鞘翅目金龟甲科幼虫的总称，别名白土蚕、老鸹虫、大头虫、蛭虫等。成虫通称金龟子，别名臭老鳖等。体肥大，体型弯曲呈“C”形，多为白色，少数为黄白色。头部褐色，上颚显著，腹部肿胀。体壁较柔软多皱，体表疏生细毛。头大而圆，多为黄褐色，生有左右对称的刚毛，刚毛数量的多少常为分种的特征。如华北大黑鳃金龟的幼虫为3对，黄褐丽金龟幼虫为5对。蛴螬具胸足3对，一般后足较长。腹部10节，第10节称为臀节，臀节上生有刺毛，其数目的多少和排列方式也是分种的重要特征。生活习性，蛴螬1～2年1代，幼虫和成虫在土中越冬，成虫即金龟子，白天藏在土中，20—21时进行取食等活动。蛴螬有假死和负趋光性，并对未腐熟的粪肥有趋性。幼虫蛴螬始终在地下活动，与土壤温湿度关系密切。当10厘米土温达5℃时开始上升土表，13～18℃时活动最盛，23℃以上则往深土中移动，至秋季土温下降到其活动适宜范围时，再移向土壤上层。成虫交配后10～15天产卵，产在松软湿润的土壤内，以水浇地最多，每头雌虫可产卵100粒左右。蛴螬年生代数因种、因地而异。这是一类生活史较长的昆虫，一般1年1代，或2～3年1代，长者5～6年1代。如大黑鳃金龟2年1代，暗黑鳃金龟、铜绿丽金龟1年1代，小云斑鳃金龟在青海4年1代，大栗鳃金龟在四川甘孜地区则需5～6年1代。蛴螬共3龄。1龄、2龄期较短，3龄期最长。蛴螬主要是幼虫为害西洋参根部，把参根咬成缺刻和孔网状，也可为害接近地面的嫩茎；严重时，参苗枯萎死亡。有些种类的成虫也会蛀食西洋参叶片。

（2）防治对策

可参照金针虫防治。

3. 蝼蛄

（1）形态特征与生活史

蝼蛄又叫地拉蛄、土狗、水狗，蝼蛄属直翅目蝼蛄科。我国有两种，一种是非洲蝼蛄，统称小蝼蛄。另一种是华北蝼蛄，统称大蝼蛄。以小蝼蛄发生较多，属杂食性害虫，主要以成虫和若虫为害参苗。成虫体长30～35毫米，灰褐色，腹部色较浅，全身密布细毛。头圆锥形，触角丝状。前胸背板卵圆形，中间具一明显的暗红色长心脏形凹陷斑。前翅灰褐色，较短，仅达腹部中部。后翅扇形，较长，超过腹部末端。腹末具1对尾须。前足为开掘足，后足胫节背面内侧有4个距，别于华北蝼蛄。卵初产时长2.8毫米，孵化前4毫米，椭圆形，初产乳白色，后变黄褐色，孵化前暗紫色。若虫共8～9龄，末龄若虫体长25毫米，体形与成虫相近。华北蝼蛄成虫身体比较肥大，雌虫体长45～66毫米，头宽9毫米，雄虫体长39～45毫米，头宽5.5毫米。体黄褐色，全身密布黄褐色细毛；前胸背板中央有1凹陷不明显的暗红色心脏形斑；前翅黄褐色，长14～16毫米，覆盖腹部不到一半，后翅长30～35毫米，纵卷成筒形附于前翅之下；腹部圆筒形、背面黑褐色，有7条褐色横线；足黄褐色，前足发达，中后足细小，后足胫节背侧内缘有距1～2个或消失。卵椭圆形。初产时黄白色，较小，长1.6～1.8毫米，宽1.3～1.4毫米，孵化前膨大为长2.4～3.0毫米，宽1.5～1.7毫米。颜色变为黄褐色，孵化前呈暗灰色。若虫共13个龄期，初龄若虫头小，腹部肥大，行动迟缓，全身乳白色，渐变土黄色，以后每蜕1次皮，颜色随之加深，5龄以后，与成虫体色、体形相似。初孵若虫体长3.56毫米，末龄若虫体长41.2毫米，体长增加10余倍。华北蝼蛄体型比东方蝼蛄大，体长36～55毫米，黄褐色，前胸背板心形凹陷不明显，后足胫节背面内侧仅1个距或消失。卵呈椭圆形，孵化前呈深灰色。若虫共13龄，形态与成虫相似，翅尚未发育完全，仅有翅芽。5～6龄后体色与成虫相似。北方地区2年发生1代，在南方1年1代，以成虫或若虫在地下越冬。清明后上升到地表活动，在洞口可顶起1个小虚土堆。5月上旬至6月中旬是蝼蛄最活跃的时期，也是第一次为害的高峰期，6月下旬至8月下旬，天气炎热，转入地下活动，6—7月为产卵盛期。9月气温下降，再次上升到地表，形成第二次为害高峰，10月中旬以后，陆续钻入深层土中越冬。蝼蛄昼伏夜出，以21—23时活动最盛，特别在气温高、湿度大、闷热的夜晚，大量出土活动。早春或晚秋因气候凉爽，仅在表土层活动，不到地面上，在炎热的中午常潜至深土层。蝼蛄具趋光性，并对香甜物质，如半熟的谷子、炒香的豆饼、麦麸以及马粪等有机肥，具有强烈趋性。成虫、若虫均喜松软潮湿的壤土或沙壤土，20厘米表土层含水量20%

以上最适宜，小于15%时活动减弱。当气温在12.5～19.8℃，20厘米土温为15.2～19.9℃时，对蝼蛄最适宜，温度过高或过低时，则潜入深层土中。通常在夜间飞行，飞向光亮处。常见的美国蝼蛄以昆虫的幼虫和蚯蚓为食，同时也会损坏草根、土豆、芜菁和花生。华北蝼蛄3年发生1代，多与东方蝼蛄混杂发生。华北地区成虫6月上中旬开始产卵，当年秋季以8～9龄若虫越冬；翌年4月上中旬越冬若虫开始活动，当年可蜕皮3～4次，以12～13龄若虫越冬；第三年春季越冬高龄若虫开始活动，8—9月蜕最后1次皮后以成虫越冬；第四年春季越冬成虫开始活动，于6月上中旬产卵，至此完成1个世代。成虫具一定趋光性，白天多潜伏于土壤深处，晚上到地面为害，喜食幼嫩部位，为害盛期多在播种期和幼苗期。

东方蝼蛄在南方1年1代，北方2年1代，以成虫或若虫在冻土层以下越冬。翌年春上升到地面为害，4—5月是春季为害盛期，在保护地内2—3月即可活动为害。9—10月为害秋菜。初孵若虫群集，逐渐分散，有趋光性、趋化性、趋粪性、喜湿性。繁殖期蝼蛄为不完全变态，完成1个世代需要3年左右。以成虫或较大的若虫在土穴内越冬，翌年4—5月开始活动，并为害玉米和其他作物的幼苗。若虫逐渐长大变为成虫，继续为害玉米。越冬成虫从6月中旬开始产卵。7月初孵化，初孵化、幼虫有聚集性，3龄分散为害，到秋季达8～9龄，深入土中越冬。翌年春季越冬若虫恢复活动继续为害，到秋季达12～13龄后入土越冬。第三年春季有活动为害，夏季若虫发育为成虫，成虫越冬。

蝼蛄成虫和若虫在土中咬食刚播下的种子和幼芽，或将幼苗根、茎部咬断，使幼苗枯死，受害的根部呈乱麻状。蝼蛄在地下活动，将表土穿成许多隧道，使幼苗根部透风和土壤分离，造成幼苗因失水干枯致死，缺苗断垄，严重的甚至毁种，使西洋参大幅度减产。

（2）防治对策

①人工捕杀：结合田间操作，对新拱起的蝼蛄隧道，采用人工挖洞捕杀虫、卵。

②药剂防治：种子处理，播种前，用50%辛硫磷乳油，按种子重量0.1%～0.2%拌种，堆闷12～24小时后播种。毒饵诱杀，常用敌百虫毒饵，先将麦麸、豆饼、秕谷、棉籽饼或玉米碎粒等炒香，按饵料重量0.5%～1%的比例加入90%晶体敌百虫制成毒饵。先将90%晶体敌百虫用少量温水溶解，倒入饵料中拌匀，再根据饵料干湿程度加适量水，拌至用手一攥稍出水即成。每亩施毒饵1.5～2.5千克，于傍晚时撒在已出苗的菜地或苗床的表土上，或随播种、移栽定植时撒于播种沟或定植穴内。制成的毒饵限当日撒施。土壤处理，当参田蝼蛄发生为害严重时，每亩用3%辛硫磷颗粒剂1.5～2千克，兑细土15～30千克混匀撒于地表，在耕耙或栽植前沟施毒土。若苗床受害严重时，用80%敌敌畏乳油30倍液灌洞灭虫。

4. 地老虎

（1）形态特征与生活史

地老虎又叫地蚕、地根虫、截虫、土蚕，为鳞翅目夜蛾科幼虫，地老虎种类多，为害西洋参的主要有小地老虎、黄地老虎和大地老虎，以小地老虎分布最广、为害最重。为害：地老虎一般在5月下旬就开始为害，直到6月下旬。地老虎以幼虫为害参根、参茎秆顶端的复叶柄汇集处，咬断接近地表的西洋参嫩茎及根部，取食参茎髓部。幼虫将幼苗近地面的茎部咬断，使整株死亡，造成缺苗断垄。一只幼虫一夜可为害3～5株，多达10棵。

（2）防治对策

在幼虫3龄前施药防治，可取得较好效果。

①喷粉：用2.5%敌百虫粉剂每亩2.0～2.5千克喷粉。

②撒施毒土：用2.5%敌百虫粉剂每亩1.5～2千克加10千克细土制成毒土，顺垄撒在幼苗根际附近，或用50%辛硫磷乳油0.5千克加适量水喷拌细土125～175千克制成毒土，每亩撒施毒土20～25千克。

③喷雾：可用90%晶体敌百虫800～1 000倍液、50%辛硫磷乳油800倍液、50%杀螟硫磷1 000～2 000倍液、20%西洋参杀乳油1 000～1 500倍液、2.5%溴氰西洋参酯（敌杀死）乳油3 000倍液喷雾。

④毒饵：多在3龄后开始取食时应用，每亩用2.5%敌百虫粉剂0.5千克或90%晶体敌百虫1 000倍液均匀拌在切碎的鲜草上，或用90%晶体敌百虫加水2.5～5千克，均匀拌在50千克炒香的麦麸或碾碎的棉籽饼（油渣）上，用50%辛硫磷乳油50克拌在5千克棉籽饼上，制成的毒饵于傍晚在农田内每隔一定距离撒成小堆。

⑤灌根：在虫龄较大、为害严重的农田，可用50%辛硫磷乳油，或用50%二嗪农乳油1 000～1 500倍液灌根。

第三节　西洋参主要鼠害

一、主要情况

鼠类为害西洋参有两种情况：一是盗食参籽，有花鼠、大林姬鼠、黑线姬鼠，二是为害参苗。东北蔚鼠在参床中打洞穿过，除直接为害参根和参基外，还破坏参床，影响参的正常生长和使西洋参根腐烂。大林姬鼠、大仓鼠还可直接盗食西洋参。

二、防治对策

清理杂草、灌木、搞好参地卫生，在参地与林缘接壤地带清理出一条宽的作业道，既方便了参业生产，又改变了参地卫生条件；挖排水沟，在参地四周挖一条30～50厘米深的排水沟，在有助鼠取食洞道的参地边缘，在排水沟里洒上废杂醇油；采用毒饵和饵毒盒（瓶）防治，在参地边缘参床，每隔5米布放一只毒盒（毒瓶），内装鼠药。或在参地四周以5米×5米布放鼠药。

第四节　西洋参病虫鼠害防治基本方法

一、农业防治

农业防治是通过优化栽培技术措施，减少或防治病虫害的方法。例如，合理选择前作物种类、土壤休闲、施肥改土、整地作床、加强田间排水等措施。这些措施是预防性的，体现预防为主的精神。它是从环境角度控制，绝对不会产生农药残留等问题。农业防治是西洋参病虫害防治的基础，在种植西洋参的一开始就要引起高度重视，切实做好各项农艺措施的落实，具体措施在各相关章节中已详述。

二、生物防治

广义地讲，生物防治的含义是应用某些有益生物（天敌）或其他产品或生物源活性物质消灭或抑制病虫害的方法。由于他们是生物或生物产物，如增产菌、5406菌、白绢菌等活体菌及菌的分泌物如农抗120、武夷菌素、井冈霉菌等，所以他们的突出特点是对人、动物无毒性和不良反应，或毒性和不良反应小，且无残留等，其农产品深受消费者欢迎。

三、化学防治

化学防治就是应用化学农药防治病虫害的方法。目前有较成熟的防治方法，见上所述。

四、综合防治

综合防治法就是从生产的各个角度出发控制预防植物病虫害发生的方法，是栽培过程的一个重要组成部分。药用植物病害综合防治涉及的内容较为广泛，所采取的措施要有科学性和针对性，有的放矢，注重效果。要重视以下几个方面：土地的选择、休闲与整地；土壤消毒；选择无病害的种子；种子消毒；种苗消毒；腐熟有机肥；预防为主；修剪和清除病株或病叶；加强参园内排水等。对于西洋参病虫鼠害综合防治分述如下。

1. 西洋参非侵染性病害的综合防治

（1）冻害的综合防治

一般在山东、河北地区，在参床表面覆盖10厘米左右厚度的覆盖物即可，东北寒冷地区，在西洋参地上部枯萎后，清除茎叶，上细防寒土，拍实，再盖一层15厘米左右厚度的稻草或树叶，最上层覆盖一层土。防寒要覆盖均匀，以防露风，影响防寒效果。另外，早春撤防寒物应随温度升高渐次进行，切不可一次撤光，造成缓阳冻害。

（2）日灼病的综合防治

应根据各地区的气候条件，适当调节参棚透光度。夏季光照较强时，需要加挂遮阳网来降低光照强度，高温干旱季节，可早晚在叶面喷洒干净的水，提高棚内空气湿度，降低日灼病的发生概率。切不可中午温度最高时洒水。

（3）药害的综合防治

需严格掌握施药浓度，配制时一定要搅拌均匀；出苗期应尽量避免使用刺激性强的药剂，应使用多抗霉素等刺激性较弱的化学农药或生物农药；施药时间宜选在光线较弱、温度低的早晨或傍晚进行，一定避免在中午喷施药剂；为减少局部用药量过大，应避免重复大剂量用药；西洋参在生长期进行土壤药剂处理或高浓度药液浇灌床面后，需要及时用干净的水冲洗叶面，一旦发现有药害产生，及时处理，以清水对叶片冲洗1～2次，降低药害发生率。

（4）肥害的综合防治

西洋参生长期，如果肥料使用不当，易发生肥害。肥害较轻者，根系发育不良，叶尖、叶缘干枯；肥害严重时，破坏根系的正常发育，产生严重烧须现象或根毛发育受阻，造成茎叶停止生长，干枯死亡，严重减产。其主要原因为过量施用未经充分腐熟的农家肥、饼肥等；施用化肥的量过大或浓度过高；施肥方法不当，肥料固体形态粗细不均匀，或呈团块状；施肥种类不当等。预防措施为必须施用充分腐熟的有机肥，施用均匀，与土壤混合均匀，避免肥料与参须大面积接触，叶面喷施浓度和用量不宜过大，肥液配制应均匀，喷施叶面肥严禁中午高温时进行，需早晚喷施，以防肥害。

2. 西洋参侵染性病害的综合防治

西洋参侵染性病害的发生与土壤及光、温、水、肥、气候等环境因子以及西洋参自身状况密切相关。对西洋参病害的综合防治必须本着以防为主、调养结合的原则，以生态学的观点，综合考虑西洋参主要病害的发生规律、环境条件以及西洋参自身的各种因果关系并综合处理好相关关键环节，才能取得理想的防治效果和西洋参的优质、高产。提倡的防治策略其一是改善西洋参生存环境；其二是提高西洋参自身抗逆能力，其三是及时、准确施用安全高效药剂、控制侵染源，保护西洋参免受和少受侵害。

（1）改善环境

改善西洋参生存环境、减少逆境损害。创造不利于病菌繁殖而利于西洋参生长的环境，从根本上解决病害的发生和蔓延。土壤是西洋参生长的基础环境，但同时也是各类土传病害的生存环境。选择和创造合适的土壤环境是西洋参栽培中病害综合防治的首要条件，关键环节如下。基地土壤的严格选择并精细整地；土壤的安全高效消毒，减少初侵染源；接种拮抗菌剂，培养土壤抗性；安全高效杀灭地下害虫，减少参根损伤，降低经济损失的同时减少病菌侵染机会；合理施肥，均衡补充养分。水分、光照、温湿度等环境因子直接影响着西洋参病害的发生和发展。要及时对生育期内水、温度及光照的正确调理，这是对病害综合防治的又一关键环节。早春要适时清除积雪，挖排水沟、严防融化雪水渗入参床，预防菌核病等根部病害的发生。及时维修参棚、下防寒物、搂池子。迅速提高地温，促进参苗出土；松土、除草。要采取药剂和人工相结合进行松土、除草，以疏松土壤、通风降湿。合理调整棚内光照。在6月中旬至8月中旬，要加挂遮阳网或喷黄泥浆等措施，及时调光。防旱排涝、扶参苗。雨季随时进行田间检查，旱则蓄水、涝则排水；伸出棚沿外西洋参要及时扶回棚内，以免日灼和雨淋而感染叶部病害。秋季越冬防寒。适时上好防寒土，保证西洋参顺利过冬。土壤抗性培养及土壤水分的合理调控是防治西洋参地下根部病害发生的关键。重视“健身栽培”，提高西洋参自身抗逆、抗病能力。准确掌握病害的种类及其传播和发病规律，及时准确施用高效药剂控制传播，有效保护西洋参植株免受和少受病菌侵染。

（2）掌握西洋参主要侵染性病害的发病规律

①根部病害：1～3年易发根腐病、菌核病、细菌性烂根。四年生以上易发锈腐病、根腐病、菌核病、根湿腐病、根黑斑病、根灰霉病、细菌性烂根。其中发生多、为害重的是锈腐病和菌核病。

②茎部病害：1～3年易发立枯病、猝倒病、茎黑斑病、茎灰霉病；四年生以上易发枯萎病、茎基腐病、茎黑斑病、茎灰霉病、茎湿腐病。茎黑斑病仍为高发、高为害茎部病害。

③叶部病害：3～4年易发黑斑病、灰霉病、湿腐病及病毒病。其中黑斑病和灰霉病发生为害最为严重。果实病害主要有黑斑病、灰霉病和白粉病，其中以黑斑病和灰霉病为害严重，常造成种子绝收。

（3）防控措施

掌握西洋参主要病害的传播和发病规律，要切断病害初侵染源，控制病菌繁殖、蔓延。关键措施如下。

①土壤消毒：根据土壤病菌检测情况，采用土壤高效、无公害消毒技术，消灭土壤中病原菌基数，减少病害的初侵染源。

②种苗消毒：选育无病大籽和种苗，运用西洋参种子包衣及种苗消毒技术，消灭种子、种苗携带病菌，减少病害的初侵染源。

③田间整理：清除病菌寄主、减少病害的初侵染源。

④床面消毒：消灭田间越冬病菌，减少病害初侵染源。

⑤控制病害传播：出苗展叶期防止茎部黑斑病；掐花后，防止灰霉病从掐掉的花梗处感染；雨季叶部及籽实病害的防治，高温高光照情况下重点防治黑斑病，高温高湿防治湿腐病，低温高湿防治重点灰霉病。根据田间具体的环境条件和病害发生情况，及时调理田间环境条件，并准确施药是防治西洋参地上病害的关键。

3. 西洋参害虫的综合防治方法

在防治西洋参害虫时，要选择合适的施药时期、施药方法和针对的药剂。如金针虫的防治，在栽参或床面松土时施用杀虫剂，如果施用的是普通杀虫剂，还没等金针虫开始活动时，药已经失效了，所以这时施药最好选用有缓释效果的杀虫剂。还有就是在防金针虫时，最好是沟施杀虫剂，因为金针虫的主要活动区域是地下10厘米以内，将药撒在池面上，药剂接触不到害虫，无法发挥药效。特别是金针虫有一层硬壳，如果触杀型药剂接触不到节间的柔软区，是起不到效果的。对于蝼蛄，可在其为害时期，在傍晚用氯氟氰菊酯将床面、床帮、作业道封闭，效果很好。西洋参虫害的防治，也不能单单只求效果，而忽视了药剂残留，像六六六这样全面禁用的高残农药不可使用。

第六章　西洋参采收与加工

第一节　西洋参的采收

一、西洋参最佳采收日期

各地区根据气候差异，收获时间可在9月中下旬到10月下旬，此时根中有效成分和产量相对较高。其他采收时间总糖含量、折干率及产量均降低，经济效益下降。种植区域所处地理位置不同，收获期相应有所差别。如吉林省集安市地区的四年生西洋参9月中下旬收获较为理想；但在山东省烟台市地区的西洋参采收期更晚，收获西洋参以10月中上旬较为理想，此时收获加工后，折干率高、色泽好、参根饱满、抽沟（表皮凹陷）轻，在最佳采收期内，提前10天比推后10天收获相对要好些，若过早提前到9月20日前收获，由于参根中内含物质积累不够充实，浆气不足，参根抽沟重，折干率低，色泽不佳，降低了西洋参的商品价值。因此，不同产地西洋参的最佳采收期应根据科学的试验方法测定当地西洋参在何时能够获得最高产量和皂苷含量来具体确定的。

根据加工目的（加工成原皮西洋参还是提取皂苷）来选择西洋参的采收期。据报道，吉林省靖宇县在9月25日前后，西洋参地上部分50%左右枯萎，此时西洋参折干率的平均值已达到最高值，如果不在此时采收，其余50%地上部分枯萎的西洋参根内的物质就会发生变化（水解），西洋参折干率的平均值就会下降，导致产量降低。而在8月30日采收西洋参，其总皂苷含量尤其是皂苷Rb_1含量均达到最高值，但此时有些成分仍在积累中，折干率较低，加工原皮西洋参时，外观质量差。如果仅提取皂苷，那么此时采收西洋参较为理想。如果要加工原皮西洋参，应选择在9月25日前后采收。此时的西洋参中的皂苷含量虽然比8月30日采收的西洋参中的皂苷含量低，但达到了入药标准，并且，此时西洋参折干率高，加工出来的西洋参外观质量好。

二、西洋参最佳采收年限

西洋参的采收年龄是根据经济效益和质量决定的。一般种植3年以上的西洋参即可采收，而种植期为4～5年的西洋参品质较佳，由于参龄与皂苷含量成正比关系，所以种植期越长，参的质量也越好，价值也就会越高，但生长5年以后参根生长速度比较缓慢，同时病害也重，再延长生长年限，保苗率降低，甚至减产，因而从产量和经济效益考虑，确定参根采收年限为4年。据报道吉林省靖宇县四年生保苗率为90.0%，五年生西洋参保苗率为70.3%，说明西洋参生长5年以后，保苗率降低，从而影响西洋参产量；五年生参根比四年生参根平均单产高0.06千克，增重了3.4%；四年生西洋参病情指数为2.5，五年生西洋参病情指数为40.7。说明西洋参生长5年虽然比4年的重量有所增加，但是病害也随之加重了很多倍，这样会严重影响到西洋参产量和加工质量。因此，从产量和品质的综合角度出发，西洋参采收年龄为4年是较合适的。

三、西洋参的采收方法

我国与国外的西洋参采收技术仍存在一定差距。由于国外西洋参种植产业基本实现集约化管理，所以美国和加拿大多采用人参挖掘机进行采挖，通过抖动运送系统将参体与泥土分开，基本实现自动化。我国西洋参采收基本实现机械化作业，先要将地上部分枯枝落叶及床面覆盖物清理干净，如果床土湿度过大时，可晾晒1～2天。起收的量应根据加工能力而定。除了收获参根外，西洋参的茎、叶、花、果以及摘下的花蕾也应开发利用，目前，利用最多的是西洋参茎叶，主要用于提取皂苷，当年起收的地块，可在采收参前割取。

第二节　西洋参的加工

采收后的鲜参用水洗净泥土，除去须根、分枝、芦头，立即进行分等、装盘、上架干燥等处理。加工西洋参的关键是干燥的温度和湿度，最终加工成原皮西洋参和粉光西洋参。晒干或烘干的称为原皮西洋参，是目前市场上普遍流通的商品。粉光西洋参的洗刷、晾晒、烘干、打潮下须、第二次烘干各项工艺要求都与原皮西洋参一样，所不同的是打潮下须后根体不立即摆在烘干帘上干燥，而是将根体和洁净的河沙（用清水反复冲洗）混装在相应的滚筒内，转动滚筒使细沙与根体表面不停地摩擦，待表皮被擦掉后，筛出细沙，再将根体摆放在烘干帘上，在40℃条件下烘干24小时，即可出室分级包装。在生产实际中，粉光西洋参的加工已基本淘汰。

一、西洋参的加工目的

西洋参加工是为了更好地保存和利用西洋参。西洋参根中除60%～70%的水分外，其余30%～40%的干物质中主要是淀粉和糖类，极有利于害虫蛀蚀和微生物繁殖，使之霉烂变质。参根采收以后，经水冲洗除去泥土后再经加工干燥，大大降低了虫蛀和腐烂变质的风险。西洋参的主要有效成分为人参皂苷、蛋白质、氨基酸、多糖、维生素等，这些物质在新鲜的参根中很容易受酶类的作用，将有效成分和营养物质分解，而失去药理活性，通过加工脱水，可抑制水解酶的活性，保持药材的质量。西洋参经加工干燥以后，就可使体积大大减小，更便于包装、运输和贮藏。西洋参一直以原皮西洋参入药，临床上很少用鲜品，加工后既符合传统中医用药习惯，也便于加工成片剂、粉剂等各类产品。

二、西洋参的加工技术

西洋参的加工设备主要包括洗参设备、干燥设备和加工车间。其中洗参设备包括高压泵、高压喷头和洗参池或洗参机；干燥设备有锅炉、散热器、送风机、排潮机、控温装置；加工车间设有干燥室、整选包装室、成品贮藏室。整个的西洋参加工工艺流程包括洗参—分等—装盘—上架—干燥—整选—包装。

洗刷是西洋参加工的第一道工序。洗刷的方法有高压水冲洗或刷参机洗刷及手工刷洗，洗刷前应先把西洋参在水中浸泡10～30分钟，然后把泥土刷掉。因此除了黏土和裂缝中土不易被洗掉时，可适当用柔软的刷子冲洗以外，一般用水冲洗即可，不要用硬刷或刀刮、手搓等方法。另外，应注意参在水中浸泡的时间不宜过长。一般洗刷西洋参不能过重，除有较重的锈病外，只要浮土及腿分叉处大块泥土洗掉即可。

洗刷后的西洋参，在进入加工室以前，要将表面水分在日光下晾晒干。并要把不同大小的西洋参放在不同的烘干帘（盘）上，常分成三级。一级直径大于20毫米，二级直径10～20毫米，三级直径10毫米以下，每盘装7.5千克西洋参。应按大、中、小不同规格分室上架。如果数量较少，同室上架，应将大的放在架子高位或靠近热源，小的放在低位或远离热源，以取得加工一致的效果。

原皮西洋参多采用烘干室干燥的方法。烘干室可根据条件来定，有的采用玻璃房靠日光晒干；有的采用暖气烘干；有的采用电热风吹干；也有的采用地炕烘干。无论哪种烘干室，都要求卫生、防火设备齐全、照明良好、设有能启闭的排潮孔。较先进的烘干室内设有多层放置摆放参帘（盘）的架子，有较完善的供热调温和排湿系统。适宜的温度是鲜参中水分汽化的必要条件，温度过高或过低都会影响原皮参的加工质量。若干燥初期温度超过60℃，参体表面就会出现纵沟现象，颜色变深，同时温度过高也容易使根中挥发油散失，失去参的香气。温度与湿度也是相互关联的，干燥室内空气相对湿度越低，干燥速度越快，所需干燥时间越短。因此在加工时，既要掌握好干燥室内的温度，也要控制好室内的相对湿度，只有这样，才能够利用较短的时间加工出优质的原皮参。

一般的干燥室内温湿度控制范围：温度在25～27℃时，室内相对湿度在60%以下；或者是温度在32～35℃时，室内相对湿度控制在50%以下。

加工干燥方式有恒温干燥和变温干燥两种，而目前主要采取变温干燥方式，其操作步骤是先将冲洗分级的西洋参分别装盘，放室外风干，去除参体表面水分，再移入干燥室。起初温度为25～27℃，持续2～3天，然后逐渐升至35～36℃，在参主体变软后，再使温度升至38～40℃，2～3天后参根含水量逐步降至30%～32%，直到参根含水量在13%以下，干重与鲜重比值为30%左右时，停止干燥，整个干燥过程以10～15天为宜。另外，在干燥过程中，要适当调换各盘的位置，以达到受热均匀。晾晒除去附水，目的是减少表层水分，保持天然皮色。开始低温（25～27℃）是为了减少挥发性成分的损失、保持西洋参固有香气，且易干透。通风，控制空气相对湿度是加工的要点。升温至32～35℃是减少青支和红支的关键，西洋参出现青支轻微者表面变成青色，断面韧皮部也呈青色。青支西洋参主要是西洋参在加工时温度低、湿度大，在干燥室内长时间不干，受霉菌和酵母菌污染所致；红支是西洋参在加工过程中，表面变红，有红线形成，重者表面呈棕红色，断面出现红眼圈（形成层环），而韧皮部树脂道呈深红色，整个断面呈棕色或棕红色，失去西洋参特有的色泽和香味。红支的产生是由于西洋参根在烘干过程中，由于干燥局部温度过热使其发生梅拉德（Maillard）反应，而产生红棕色或棕褐色物质所致。

干燥后的西洋参，根据不同的商品性状，进行下须和下芦，也可只下须不下芦。下须前回潮，弯须用手掰，直须用剪子剪，整形下来的参芦、参节、参段，直须和弯须要分别装盘，直须扎成捆后装盘，进行第二次干燥，温度控制在40℃，时间为24小时即可。

由于参体大小不同，干燥所用时间也不一样。参体粗大的干燥所需时间较长，参体细小的，干燥所需时间较短，若干燥时间过长，参体表皮很容易变褐色，影响原皮参质量，因此，大、小参应分级、分室干燥，这样分级后有利于控制干燥温度，提高加工质量。目前，西洋参产地销售方式多为统货。统货是只将自然脱落的参须消除，再拣去病参即可装箱或装桶。

第三节　西洋参的贮藏

西洋参中许多成分如皂苷、脂肪、淀粉、蛋白质、生物碱和挥发油等均不够稳定，因此易受环境因素的影响而产生各种生理变化。西洋参的安全贮藏含水量为13%，当含水量大于13%时，西洋参中的糖类物质、蛋白质很容易发生水解而放热，造成霉变；而当含水量小于13%时，西洋参重量下降并失去其应有的色泽，从而出现干枯现象。西洋参中的脂肪，在贮藏过程中，易受外界环境的影响发生酸败和分解；西洋参中含有丰富的淀粉，淀粉含量较高，容易引发虫、鼠侵害；除此之外，西洋参中含有特殊气味的挥发油，如果贮藏不当，容易使特有气味丧失或产生其他气味。

温度在西洋参贮藏过程中对其品质起着重要的作用。其一，随着温度的升高，西洋参中的水分会加速蒸发，从而降低了西洋参的含水量；其二，随着温度的升高，有利于微生物的生长，从而加速西洋参的发病腐烂；其三，随着温度的升高，会促进西洋参中挥发油的挥发，减少挥发油的含量，进而影响西洋参的品质。

湿度是影响西洋参品质的又一决定因素。空气湿度易受外界环境的变化而变化。湿度的改变可直接影响到西洋参的化学成分组成及外观品质，并且也关系到微生物的生长活动。在贮藏过程中，相对湿度越高西洋参就越易吸潮；相反，相对湿度越低，西洋参则越易于皱缩。由于湿度与温度密切相关，因此，在进行西洋参贮藏的湿度设置时，要考虑温度对湿度的影响。

西洋参在贮藏过程中，很多情况下是与空气有接触的。空气中的氧气能与西洋参中的一些物质，如脂肪酸、皂苷、挥发油等发生化学反应，使西洋参品质下降。空气中的臭氧含量虽然很低，但由于它是一种强氧化剂，因此对西洋参的变质也有促进作用。空气中的氮气和氢气性质相对稳定，因此一般不与西洋参中的物质发生化学反应。

由于日照过程中，太阳辐射中的红外光线产生热效应，可使西洋参温度升高，加速西洋参的各种生理变化；除此之外，太阳辐射中的紫外线有一定的杀菌作用，对西洋参内生菌和外生菌的滋生均有一定的抑制作用。

参考文献

黄瑞贤，高景恩，等，2003. 靖宇县2002年和2003年人参、西洋参冻害调查及预防冻害的技术建议[J]. 人参研究（3）：22-24.

李俊飞，邵慧慧，毕艳蒙，等，2020. 营养元素缺乏对西洋参生长及皂苷的影响[J]. 中国中药杂志，4（8）：1866-1872.

隋春青，李早永，吕文，等，2009. 西洋参种子处理与播种技术[J]. 中国种业（6）：84-85.

王育民，殷秀岩，于鹏，等，2004. 西洋参生产技术标准操作规程（SOP）[J]. 现代中药研究与实践（2）：8-15.

蔚荣海，赵颖君，徐克章，等，2009. 不同生境条件下人参、西洋参光合作用的日变化[J]. 华南农业大学学报，30（4）：7-11.

张晶，郑毅男，李向高，等，2002. 青支和红皮西洋参产生机制的研究[J]. 中草药（8）：79-81.

张正海，雷慧霞，钱佳奇，等，2020. 西洋参的引种简史[J]. 人参研究（2）：59-62.

赵曰丰，李晓明，郭靖，等，2002. 人参红皮病诊断和综合防治的研究[J].吉林农业大学学报，24（2）：82-85，99.

周海燕，赵润怀，付建国，等，2012. 国产西洋参发展历程的的调查和分析[C]//中国药学会.中药与天然药高峰论坛暨第十二届全国中药和天然药物学术研讨会论文集. 海口：中国药学会中药和天然药物专业委员会：34-40.

BEYFUSS B，2000. Soil nutrient characteristics of wild ginseng populations in New York，New Jersey，Maine，and Tennessee[C]// Cornell Cooperative Extension. Proceedings of the "American Ginseng Production in the 21st Century" Conference. Cairo：Cornell Cooperative Extension of Greene County：105–114.

LEE J，MUDGE K W，2013.Water deficit affects plant and soil water status，plant growth，and ginsenoside contents in American ginseng[J]. Horticulture Environment and Biotechnology，54（6）：475–483.

附录1 高棚西洋参农田种植管理周年历

时间	物候期	作业项目	主要工作内容
6至9月	休眠期	土壤休闲、施肥改土	上一年已选择种植西洋参的地块，翻耕土壤，耕深30～40厘米，10～15天翻1次，翻5～8次。结合翻地，施入充分腐熟有机肥20～30米^3/亩
10至11月		作床、搭参棚	栽杆：一般使用2.4～2.6米长的杆，杆间距为2.2米×（2.2～4）米 作床：床面高30厘米，床土要耙细 拉铁丝：要求一定要绷紧 打苇帘：规格（4～6）米×2.5米，透光度20%
12月至翌年2月		制订年度管理计划、运料	根据种苗情况及病虫害预报情况，制订一年的参田管理计划，备运种苗、肥料、农药、苇帘等生产资料
2月至3月		上帘、土壤处理	上帘子：一定要上牢固，并控制好透光度，参棚过大要留通风道 施肥：非移栽田可结合松土施入腐熟的有机肥料或有机碳素肥及少量化肥 土壤处理：使用50%多菌灵8～10克/米^2、70%代森锰锌4～5克/米^2、80%乙膦铝2～4克/米^{2}进行土壤处理，将上述农药均匀施于参床上，翻入10厘米的土层内

（续表）

时间	物候期	作业项目	主要工作内容
3月中旬至5月中旬	出苗期	播种、移栽、苗期管理种子处理	种苗消毒：将裂口率达90%，并通过生理后熟的种子（或参苗）用50%多菌灵或扑海因600～800倍液浸种1～3小时；捞出控净水分，晾去表面水分备用 播种及移栽：要求播种深度控制在2.5～3厘米，移栽做到边起边栽，保持良好的土壤墒情，播种移栽后立即覆盖稻草，浇水并进行床面及棚架消毒 主要病害：立枯病、猝倒病、黑斑病，使用多抗霉素及噁霉灵等进行防治 种子处理：对隔年籽进行种子处理
5月上旬至6月上旬	展叶期	除草 病虫害防治 根外追肥	主要防治对象：立枯病、猝倒病、根茎部黑斑病及地下害虫，并注意及时防除杂草；使用苯醚甲环唑等进行预防，并注意防止药害的产生 注意参棚透光度及土壤水分，有条件的可采用活动棚，早晚打开参棚，促壮苗，减少病害的发生，因为正值春季多风干旱，要及时补充土壤水分
6月	开花期	调湿调光、叶面追肥、病虫害防治	开花期降低光照强度，增加空气湿度以提高授粉结果率，限制铜制剂使用量 主要防治对象：立枯病、猝倒病、黑斑病、湿腐病、灰霉病、细菌性病害；使用扑海因、百菌清、阿米西达、金雷多米尔等进行防治

（续表）

时间	物候期	作业项目	主要工作内容
6月下旬至8月	结果期	防病、防旱排涝、果实采收	主要防治对象：黑斑病、湿腐病、灰霉病、炭疽病及细菌性病害 主要用药：苯醚甲环唑、阿米西达、金雷多米尔、禾瑞等，结合喷药，添加磷酸二氢钾、硼酸等叶面肥 种子采收：果实完全变红时分次或一次性采收，立即除去果肉，将种子漂洗干净，进行处理或阴干后贮存 注意处理的隔年籽保持在20℃以下，防止烂籽
8月下旬至10月中旬	果后参根生长期	防治病虫害、收获加工	继续做好病虫害防治工作，叶面施肥，尽量延长参根的生长期 采收：收获地于9月下旬开始收参，参根收获后立即进行清洗、烘干，修剪分等，进入销售环节 处理的当年种子注意保持18～20℃的温度及适宜的湿度
10月中旬	枯萎期	清园 种子处理	非收获参园的西洋参地上部枯萎后，拔除枯萎的茎叶，清除覆盖物，一同携出参园，烧毁或集中深埋，床面一定要清扫干净 当年种子处理温度可降到10～15℃

（续表）

时间	物候期	作业项目	主要工作内容
10月下旬至翌年3月	休眠期	参田防寒	清园后覆盖稻草10～20厘米，固定好防风障，在土壤上冻前浇足冻水，以保持良好的土壤墒情；比较寒冷的山区及容易发生缓阳冻的地方，在上稻草前，应先上5～10厘米的防寒土，以保证土壤温度有一个平缓的变化过程
		种子处理	隔年种子自然转入生理后熟期，封好种子窖并做好防冻，避免漏风；当年处理种子视种子裂口及种胚生长情况及时转入生理后熟期，同时做好保证低温的系列工作

附录2　西洋参主要病虫害防治

名称	发生时间	主要为害对象	防治方法
立枯病	出苗期至7月初	发芽种子、未出土的幼苗、植株茎基部	种子处理：50%多菌灵600倍液浸种1～3小时 土壤处理：播种及移栽田用50%多菌灵或50%福美双8～10克/米^2，或两者各取一半用量混合使用，处理表层10厘米的土壤，二年生参田可结合松土施药，浇水达15厘米土层 病区处理：发现病株立即拔除携出参园，并用石灰乳浇灌病区及周围20厘米的范围 化学防治：用50%多菌灵或50%福美双600倍液喷施茎叶
猝倒病	全生育期	近地面的茎基部	土壤处理：播种及移栽田用50%多菌灵8～10克/米^2，加80%乙膦铝2～3克/米^{2}处理表层10厘米的土壤，二年生参田可结合松土施药，浇水达15厘米土层 病区处理：发现病株立即拔除携出参园，并用石灰乳浇灌病区及周围20厘米的范围 化学防治：用50%福美双600倍液或40%乙膦铝400倍液喷施

（续表）

名称	发生时间	主要为害对象	防治方法
黑斑病	全生育期	叶、茎、花、果实、根、根茎	种子处理：50%扑海因600～800倍液浸泡种子1～3小时 土壤处理：播种及移栽田用70%代森锰锌4～5克/米^{2}处理表层10厘米的土壤，二年生以上的参田可结合松土施药，浇水达15厘米土层 农业防治：病害高发期加强田间通风，降低棚内温度及湿度，每年清除地上部残株并更换床面覆盖物 棚架消毒：早春出苗前，用400倍多菌灵或200倍硫酸铜溶液进行棚架及床面消毒 病区处理：发现病叶立即剪除，如大部分叶已染病应整株拔除，携出参园统一销毁，如为根部染病应连根拔除，并用400倍代森锰锌药液浇灌病区及周围20厘米的范围 化学防治：出苗达50%时开始用3%多抗霉素200倍液喷施叶片正反面及茎，5天/次，共3～4次，以后定期使用50%多菌灵600倍液、苯醚甲环唑1 000倍液、70%代森锰锌600～800倍液、氢氧化铜1 000倍液等药液进行叶片喷雾防治，间隔期按参园温湿度及农药品种来确定，为7～15天/次。四年生西洋参采收前1个月停止用药

（续表）

名称	发生时间	主要为害对象	防治方法
湿腐病	全生育期	根、根茎、叶、茎、花、果实	土壤处理：播种及移栽田用80%乙膦铝2～3克/米^{2}处理表层10厘米的土壤；二年生以上的参田可结合松土施药，浇水达15厘米土层 农业防治：病害高发期加强田间通风，降低棚内温度及湿度，雨季及时排水，防止床面渍水。每年清除地上部残株并更换床面覆盖物 病区处理：发现病株立即拔除，携出参园，并用石灰乳浇灌病区及周围20厘米的范围。病叶要及时剪除，携出参园统一销毁 化学防治：苗期用3%多抗霉素200倍液喷施叶片正反面及茎，5～7天/次，以后定期用苯醚甲环唑1 000倍液、氢氧化铜1 000倍液、乙膦铝400倍液进行叶片喷雾防治，间隔期按参园温湿度及农药品种来确定，为7～15天/次；四年生西洋参采收前1个月停止用药
灰霉病	6—8月	叶、茎、花梗、果实	病苗处理：发现病株立即拔除，病叶要及时剪除，携出参园统一销毁 化学防治：6月中旬开始使用50%百菌清600倍液叶面喷施预防，花期及果期要重点喷施花果穗部，出现病情时使用50%腐霉利800～1 000倍液连续2次喷施，对病害的蔓延可起到较好的控制作用

（续表）

名称	发生时间	主要为害对象	防治方法
锈腐病	全生育期	根及根茎	种苗挑选：严格选择无病种苗 种苗处理：50%扑海因600～800倍液浸泡种子或参根1～3小时 土壤处理：播种及移栽田用50%多菌灵10克/$米^2$，或70%代森锰锌4～5克/$米^2$处理表层10厘米的土壤；二年生以上的参田可结合松土施药，浇水达15厘米土层 病区处理：发现病株及时拔除，并用生石灰处理病穴
根腐病	全生育期	根	土壤处理：参照立枯病及猝倒病的处理方法 生育期控制：发现病株及时拔除，并使用多菌灵或生石灰处理病区，防止蔓延
细菌病	5—7月	叶片	农业防治措施：加强参园通风，及时拔除病株及病叶 化学防治：使用农用链霉素及铜制剂喷施叶面均可收到良好的防治效果
金针虫	全生育期	根及地下茎	土壤休闲及处理：播种移栽前，土壤休闲1年并翻耕8～10次，如果虫口密度大，在8月中旬使用辛硫磷进行土壤处理，用量为1.5～2.0千克/亩，拌毒土撒施后立即翻入10～15厘米的土层中 农业防治：生育期发生虫害，可将马铃薯切成3厘米大小的块，煮至六成熟，埋入5厘米的土中，过3天取出，捕杀其中的金针虫 化学防治：使用辛硫磷毒土撒施于床面上，用水浇参床达10厘米土层；四年生西洋参在收获前3个月禁止使用

（续表）

名称	发生时间	主要为害对象	防治方法
蝼蛄	全生育期	根，近地面茎、叶	用炒香的麦麸50千克，加50%敌百虫0.5～1千克掺适量清水拌匀，在傍晚撒入田间或床面诱杀，或在床帮上开沟，将毒饵撒入沟内覆上土，诱杀效果更好。也可在成虫发生盛期，夜间用灯火诱杀
地老虎	全生育期	根、茎	将蒲公英、苣荬菜10千克切成段，拌上90%敌百虫3.5千克，施于田间或床面进行诱杀；或在西洋参田间用糖蜜诱蛾器或黑光灯诱杀成虫
蛴螬	全生育期	嫩茎、根	辛硫磷500～800倍液或敌百虫500～800倍液浇灌参床，注意不要触上参叶，避免造成药害
地上害虫	5—8月	叶	农业防治：及时铲除参棚周围的杂草，参棚封闭完好，阻止害虫进入参棚 化学防治：使用50%辛硫磷1 000～1 200倍液进行叶面喷施，使用拟除虫菊酯杀虫剂进行叶面喷雾防治，如为局部受害，可在局部范围进行防治

附录3　西洋参主要病害原色彩图

一、立枯病

二、猝倒病

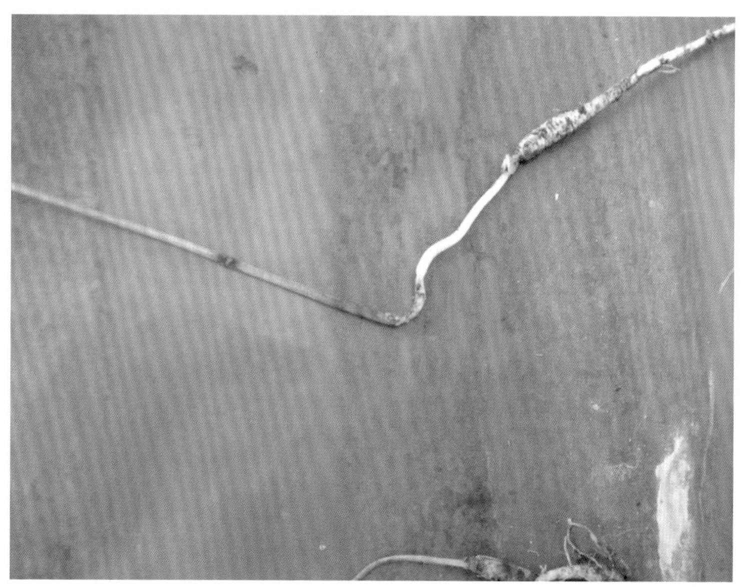

三、黑斑病

茎斑

叶斑

黑斑发病严重的西洋参种植园

四、灰霉病

五、湿腐病

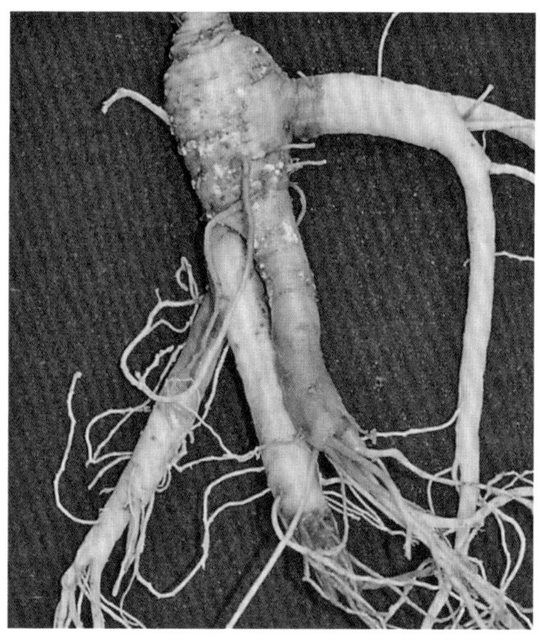

六、根腐病

七、锈腐病

八、炭疽病

九、菌核病

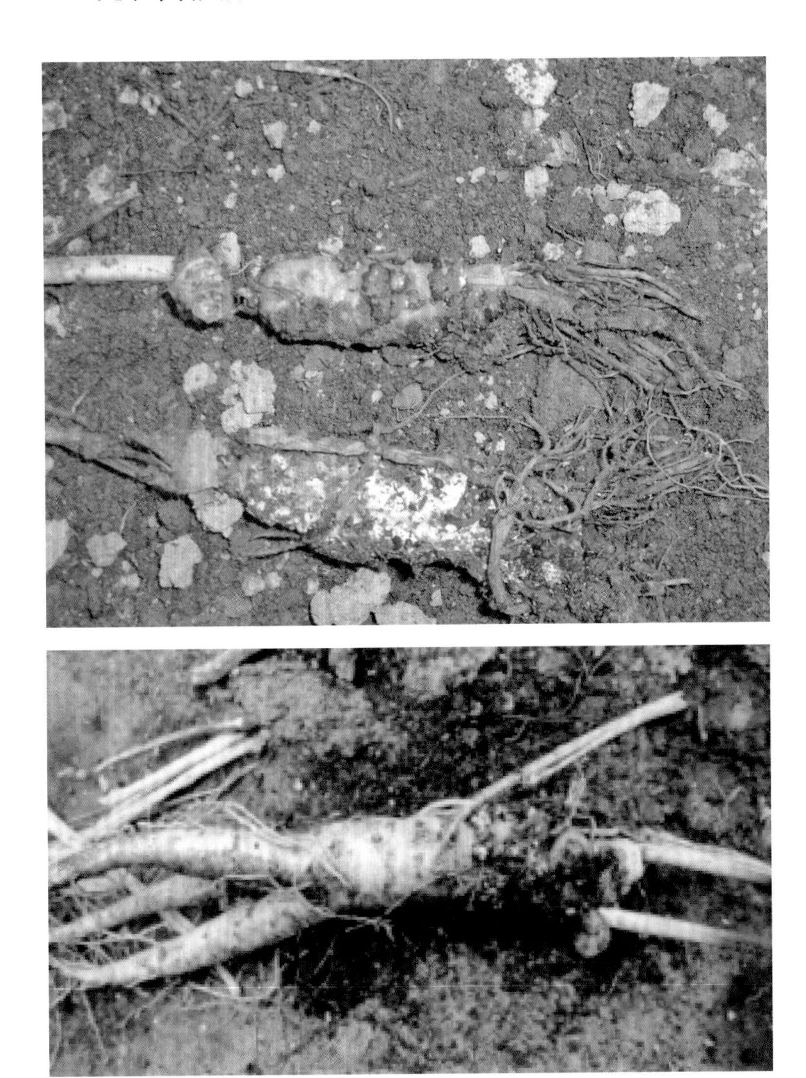

十、西洋参白粉病

附录4　西洋参主要虫害原色彩图

一、地上部害虫

1. 白小食心虫

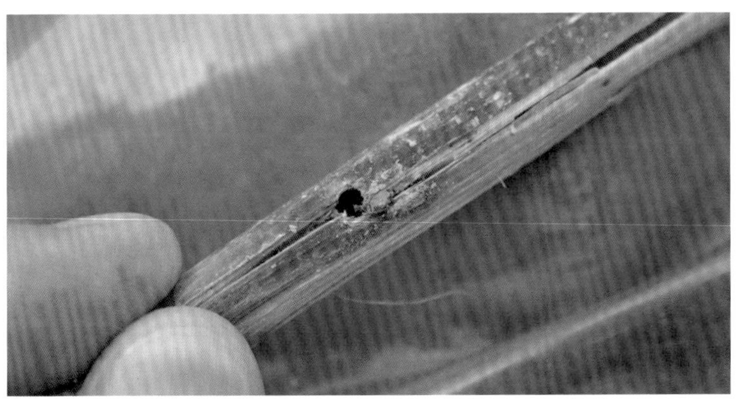

2. 柳沫蝉

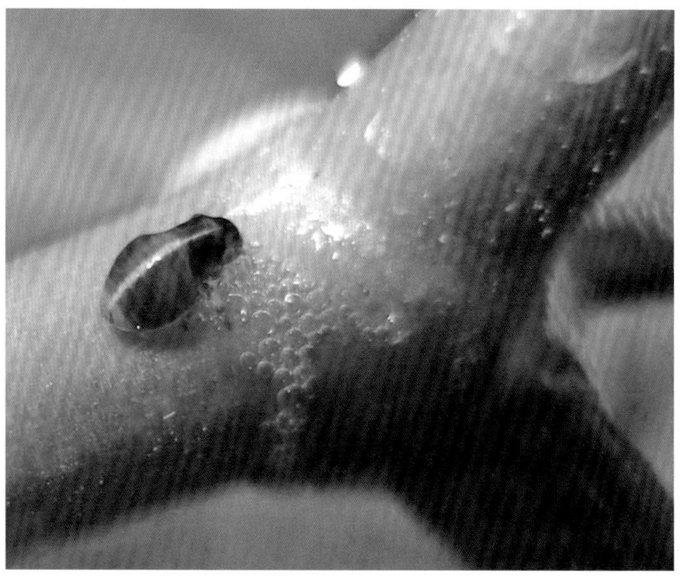

3. 蝗虫

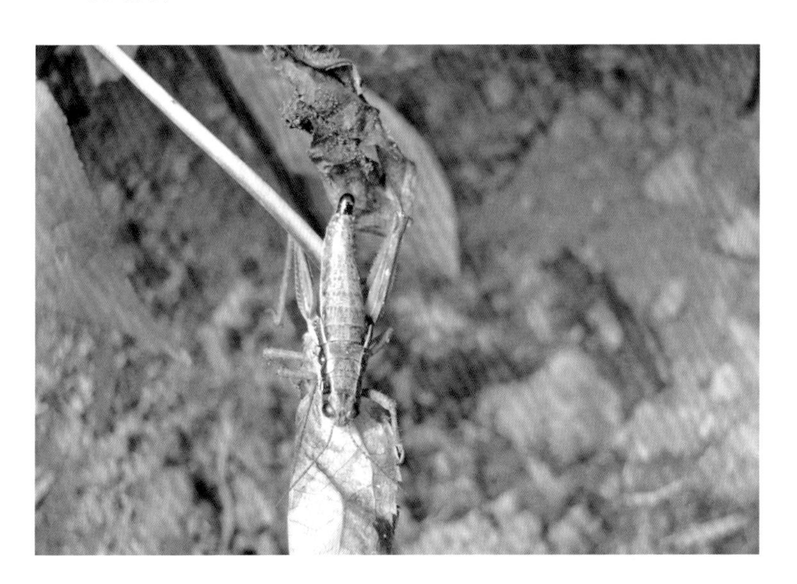

4. 草地螟

二、地下部害虫

1. 地老虎

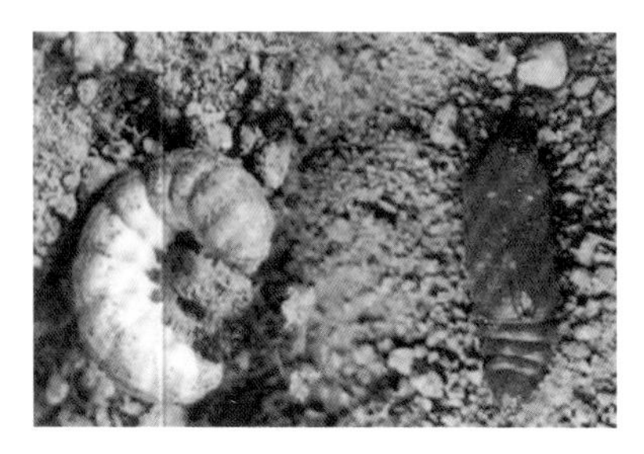

2. 蛴螬

3. 金针虫

4. 蝼蛄

附录5　双透高棚西洋参种植原色彩图

一、整地与作床

旋耕作床一体完成

床高20～25厘米，床宽120厘米，作业道宽60厘米，床长一般50米

拌肥与土壤杀菌剂

上苇帘

二、播种

开沟

播种

床面覆盖稻草

三、生长季田间管理

1. 及时上帘

时间根据出苗情况，在5月20日前后开始，3天之内要全部上完，要求铺平绑牢，帘子接缝要对准床沟，每个地块南、西两侧向外伸1.5米，东、北两侧向外伸0.5米。

尼龙网棚，透光率20%～25%

2. 挖排水沟

农田栽培西洋参，土地多较平坦，所以雨季排水尤为重要，一旦排水不好，雨水漫过参床，易造成毁床毁苗。雨水漫过的参床，即使床和苗没毁，也会造成大水过后的重病区。因此，参地周围应有能拦阻外部大水流进参地的主排水沟，并能使参地内部水顺利流向参地外部。局部低洼排不出水的地方，要坚决弃之不用。雨季排水的准备工作，应在雨季到来之前全部完成。

3. 除草

一年生参地除草任务繁重，要及时拔除参床内、作业道及参地四周杂草，保持参地环境卫生。拔草要及时、除根，不要待草籽形成造成翌年再次萌发，拔草不要伤及小苗、或带出小苗，一年生全年除草3～4次。

4. 调光与通风

调光是进入伏天光照较强时，在遮阳帘上采取适当措施以减弱棚下光照，强光照高温期过后，再将这些辅助措施撤除。减弱棚下光照措施有插枝，即折一些阔叶树枝插别在遮阳帘上，或加上空隙较大的旧帘，或隔段插入遮阳帘使透光度由于帘的堆积而变小等等。

通风是春季大风天过后，进入雨季时，应及时将防寒与播种时加的风障拆除，以利空气流通减少病虫害。

通风

5. 病虫害防治

防病害，首先要努力创造一个适宜西洋参生长的生态环境，使西洋参本身能壮苗抗病。其一要注意调光；其二是要注意改良土壤和施肥；其三是要注意调水。在打药防病方面，可在出苗展叶后开始打药，打药周期可在7天左右，大雨过后要在叶面不见雨水渍时及时补打一遍。每次打药，所用时间越短越好；喷雾性打药，要求雾化药液全株着药，尤其叶背更应喷上药液。重病区病株要及时拔除销毁，并对该区重点消毒。目前平原农田栽参常用农药有苯醚甲环唑、乙膦铝、代森锰锌、代森锌、多菌灵、代森铵等。5月25日以后，每次打药（除波尔多液外）可在药液中加含硼、镁、钼、磷、钾或锌肥的母液，进行根外追肥，根外追肥既可以增加将来种子产量和参根单支重，又可以增强西洋参抗性，起到强苗、壮苗作用。

从6月上旬开始经常检查虫害发生情况，一旦发现立即用1 000倍辛硫磷浇灌，全年施鼠药2～3次。

6. 越冬防寒

10月10日前后将参帘卷好，绑于棚架上，同时进行第一次防寒。方式：先覆盖地膜，然后覆盖厚度8～10厘米稻草，参地四周加好防风障。视土壤墒情，必要时进行1次喷灌。10月下旬或11月上旬进行第二次防寒，在第一次防寒草之上将草均匀地加厚，一年生苗厚度应达到25厘米，床头和边床适当加厚。四周道路、草垛底要清扫干净。

上防寒草

四、一至四年生西洋参生长

1. 一年生西洋参

2. 二年生西洋参

3. 三年生西洋参

4. 四年生西洋参

5. 西洋参果实与种子

附录6　矮棚西洋参种植原色彩图

一、一至四年生西洋参

1. 一年生西洋参

2. 二年生西洋参

3. 三年生西洋参

4. 四年生西洋参

二、西洋参园外景